NOTIONS

DE

CHIMIE GÉNÉRALE

A L'USAGE

des Candidats aux Baccalauréats d'ordre scientifique
et aux Écoles du Gouvernement

PAR

P. REVOY

AGRÉGÉ DES SCIENCES PHYSIQUES
PROFESSEUR AU LYCÉE DE LIMOGES

PARIS

LIBRAIRIE NONY & Cie

63, BOULEVARD SAINT-GERMAIN, 63

1902

NOTIONS

DE

CHIMIE GÉNÉRALE

NOTIONS

DE

CHIMIE GÉNÉRALE

A L'USAGE

des Candidats aux Baccalauréats d'ordre scientifique
et aux Écoles du Gouvernement

PAR

P. REVOY

AGRÉGÉ DES SCIENCES PHYSIQUES
PROFESSEUR AU LYCÉE DE LIMOGES

PARIS

LIBRAIRIE NONY & Cⁱᵒ

63, BOULEVARD SAINT-GERMAIN, 63

1902

NOTIONS DE CHIMIE GÉNÉRALE

CHAPITRE I

PROPRIÉTÉS GÉNÉRALES DE LA MATIÈRE

---

1. But des sciences physiques. — La nature, par les innombrables phénomènes qu'elle nous présente, est un vaste champ d'étude, et de tout temps l'homme s'est attaché à observer ce qui se passe autour de lui. La physique fut d'abord la science qui réunit tous les faits ainsi acquis et groupés : elle embrassait aussi bien la connaissance des êtres animés que les manifestations de la nature brute. Ce domaine, trop vaste, demanda plus tard à être subdivisé pour être exploré avec plus de fruit. En même temps la découverte de lois naturelles fixes et générales permit de constituer peu à peu des sciences et non de simples faisceaux de phénomènes isolés.

De la sorte se créèrent les *sciences biologiques,* qui s'occupent de la matière vivante, c'est-à-dire excitable, sensible, à évolution temporaire : histoire naturelle, anatomie, physiologie, paléontologie, etc., et les sciences physiques proprement dites, qui s'occupent de la matière brute.

Le monde est formé d'objets ou de corps matériels dont l'existence nous est révélée par les sens : il est difficile de définir cette matière, mais chaque sensation nous en donne une idée particulière. Ainsi les corps qui sont près de nous sont explorés par le toucher, organe qui donne d'ailleurs les idées les plus précises et les plus nombreuses sur la matière : forme, position, dureté, température, etc. ; l'odorat et le goût lui viennent en aide dans certains cas.

On peut, par l'exercice du toucher, définir les propriétés géométriques d'un corps, constater son déplacement dans l'espace, rechercher la cause de ce déplacement ou *force*, étudier la forme du chemin parcouru ou *trajectoire*, enfin évaluer l'effet de ce déplacement, ou *travail*. Ces notions constituent la *Mécanique*, science expérimentale comme on le voit, mais qui a pu s'affranchir presque complètement de l'expérience, depuis qu'on a pu établir un petit nombre de principes fondamentaux donnant par déduction tous les cas possibles : elle est devenue la mécanique rationnelle.

Une force particulière intéresse le physicien : la *pesanteur*. Toute matière est pesante ; donc il n'y a aucun phénomène qui soit indépendant de cette force.

Le toucher nous révèle en outre les propriétés calorifiques des corps : il y a des corps chauds, froids, bon conducteurs, isolants, etc. ; on rattache ces propriétés à une cause unique appelée *chaleur*.

L'œil nous renseigne sur les couleurs ; c'est par lui que nous connaissons les objets lointains : on l'a appelé toucher à distance. La lumière et les couleurs ne nous sont révélées que parce qu'il y a des corps lumineux ; la science réunissant ce genre de faits est l'*optique*.

L'ouïe nous donne la sensation du son et de ses qualités ; c'est une observation des objets lointains plus imparfaite que celle donnée par l'œil. L'odorat et le goût sont encore plus médiocres ; ils définissent les propriétés organoleptiques de la matière.

Les corps présentent d'autres propriétés, qu'on a étudiées à part depuis longtemps sous le nom d'*électricité* et de *magnétisme*. Elles se manifestent par des effets spéciaux, qui permettent aujourd'hui de les regarder comme un lien entre toutes les propriétés précédentes de la matière.

La matière donne donc lieu, quelle que soit sa forme, à des phénomènes nombreux dits mécaniques, calorifiques, optiques, électriques, acoustiques. Se placer à ce point de vue très général pour étudier la nature s'appelle faire de la *physique*.

2. Définition de la chimie. — Les corps peuvent s'observer encore à un autre point de vue qui, au premier abord, paraît moins général que le précédent : ils ont en effet une infinité de formes et d'aspects qui permettent d'en faire une étude tout individuelle : une substance peut présenter les mêmes propriétés physiques qu'une autre, tout en lui étant différente. Ainsi l'eau et le fer sont également froids ; le verre et l'eau sont également transparents, etc. ; l'eau a donc des caractères qui lui sont communs avec le verre et le fer. Ce sont des caractères physiques. Mais si cette eau passe sur du fer chauffé au rouge, on voit celui-ci se transformer en une autre substance solide appelée oxyde salin, et conserver cette forme définitive, tandis que l'eau disparaît pour faire place à un corps gazeux bien différent appelé hydrogène : l'eau seule présente ce phénomène, à l'exclusion de tous les autres corps, transparents ou non.

Le fer chaud non soumis à l'action de l'eau est toujours du fer ; sa température s'abaissant on retrouve le fer froid d'où l'on était parti : le changement n'était pas définitif.

Ces passages des corps d'une forme à une autre, qui sont durables toutes les deux. et qui exigent d'ailleurs des proportions fixes des substances en présence, ont provoqué des essais innombrables ; la création et l'étude de ces nouveaux corps a constitué la *chimie*. Les circonstances de formation propres à chacun constituent les propriétés chimiques. Ces propriétés ne dépendent ni de la forme ni de la position des corps : elles diffèrent des propriétés géométriques et mécaniques.

Si la chimie se contentait de décrire les corps matériels, leurs aspects et leurs transformations, si en un mot son but était purement descriptif, ce ne serait pas une vraie science, mais une sorte de répertoire dans lequel l'ordre des faits pourrait être quelconque, comme dans un dictionnaire. Longtemps il en fut ainsi, et jusqu'à Lavoisier il n'y eut pas de chimie, en l'absence de toute loi générale et de toute méthode spéciale.

3. Observation et expérimentation. — On ne sait rien *a priori* du monde extérieur, il faut l'observer pour le connaître. La méthode d'observation, appliquée seule pendant des siècles, rendit très lents les progrès : il fallait attendre que la nature reproduisît les mêmes conditions pour que les mêmes effets, souvent fugitifs, fussent observés.

La méthode d'expérimentation vint au secours de la première et fit avancer nos connaissances d'une façon prodigieuse ; on a pu dire que toute vérité vient de l'expérience : base des sciences physiques, elle est même appliquée à la biologie depuis Cl. Bernard. L'astronomie seule lui échappe, ce qui explique que cette science très ancienne soit en retard sur les autres.

Il a été utile d'opérer un groupement des faits acquis pour activer les progrès de la science : à chaque groupe convient une méthode particulière et des outils d'observation spéciaux appelés instruments. Divers phénomènes qui ont un lien commun peuvent obéir à une règle unique, qu'on appelle *loi physique* : cette loi est d'autant plus importante qu'elle s'applique à un plus grand nombre de faits.

Les premières lois générales de la chimie, dues à Lavoisier, ont été tirées d'expériences bien conduites. A l'aide d'une balance, il constata l'invariabilité de la masse dans les corps qui réagissent, c'est-à-dire le principe de la conservation de la matière ; à l'aide d'un calorimètre, il mesura les quantités de chaleur mises en jeu et mit sur la trace d'un principe aussi général que le premier, celui de la conservation de l'énergie.

Nous pouvons remarquer que l'orientation de la chimie vers des lois générales nous ramène peu à peu à la physique. Il y a en effet toute une partie de la science qui est intermédiaire entre la physique et la chimie, on l'appelle aujourd'hui *chimie générale*. Le chimiste, outre ses instruments spéciaux, ne peut se passer de ceux que la physique lui fournit : pile électrique qui décompose les corps, spectroscope qui recherche les corps dans les flammes, etc. Ces deux sciences inséparables ne diffèrent donc pas par le but qu'elles se proposent, et qui est l'étude de la matière et de ses transformations, mais seulement par le point de vue auquel elles se placent.

4. Divers états de la matière. — L'étude des propriétés chimiques propres à chaque substance nécessite une connaissance approfondie des caractères physiques communs à tous les corps. Nous rappellerons donc rapidement ces caractères en insistant sur ceux qui sont d'une utilité particulière en chimie.

Une même substance peut, suivant les circonstances, et tout en restant identique à elle-même, prendre les formes solide, liquide ou gazeuse : on dit qu'elle peut exister sous ces trois états. Telle est l'eau qui peut se montrer en même temps sous forme de glace, d'eau liquide et de vapeur d'eau ; les changements des conditions extérieures, tels que la température et la pression, suffisent à provoquer ces transformations ; les propriétés chimiques de l'eau sont invariables cependant. Le fer peut se montrer magnétique quand on le place dans le voisinage d'un aimant, sans changer ses propriétés chimiques. Le verre peut s'électriser par frottement ou rester neutre sans cesser de posséder les caractères spéciaux qu'on lui trouve en chimie. Les changements d'état donnent lieu à des considérations importantes qui vont être précisées.

5. État gazeux. — Un corps gazeux est caractérisé par une absence complète de forme et de volume propres : une masse déterminée d'un gaz étant prise à part, elle occupe toujours le volume qu'on lui offre, et tend même à en occuper un plus grand, en vertu d'un pouvoir d'expansion spécial ; elle presse sur les parois du vase de dedans en dehors, et la force de pression par unité de surface s'appelle la force élastique du gaz.

L'enveloppe répondant par une force égale et contraire, on peut, par une pression extérieure suffisante, faire diminuer le volume du gaz. La matière gazeuse est en effet très compressible et très élastique ; ce dernier mot signifie que la compression étant supprimée, le volume du gaz reprend exactement sa valeur primitive.

La température et la pression étant données, le volume de la masse gazeuse reste invariable ; mais l'un ou l'autre de ces facteurs venant à changer, il en est de même du volume. Si d'abord la pression varie seule, on a la loi suivante pour définir le volume :.

Loi de Mariotte. — *Dans une masse gazeuse à température constante, le volume et la force élastique varient en sens inverse l'un de l'autre.*

Si c'est la température seule qui varie, on a une seconde loi :

Loi de Gay-Lussac. — *Dans une masse gazeuse à pression constante, les volumes s'accroissent d'une quantité égale pour des élévations de température égales.*

Ces lois très simples sont applicables à tous les gaz ; la nature de la matière gazeuse n'influe pas sur le sens de ces variations. On peut donc penser qu'à l'état gazeux, les corps se présentent avec une simplicité remarquable, et il sera utile de faire des comparaisons des propriétés de deux gaz, en se plaçant dans des conditions identiques de température et de pression. Si l'on prend en particulier les masses de volumes égaux de deux gaz et qu'on en fasse le rapport, ce nombre, appelé densité d'un gaz par rapport à l'autre, restera invariable, et sera par conséquent une constante caractéristique de la matière soumise à expérience.

Ces densités se rapportent habituellement à l'air pris comme terme de comparaison, ou à l'hydrogène : les deux séries de nombres ne diffèrent évidemment que par un facteur constant.

Soit un gaz bien connu, le gaz carbonique. Sa densité par rapport à l'air est 1,529 et par rapport à l'hydrogène 22. Cela veut dire que le gaz carbonique et l'air étant pris à la même température et à la même pression, le premier pèse 1,529 fois plus que l'air sous le même volume ; ou 22 fois plus que l'hydrogène dans les mêmes conditions. Le rapport de ces deux nombres, $\dfrac{1,529}{22}$, servira à passer de la densité rapportée à l'hydrogène à celle rapportée à l'air.

Le gaz carbonique étant pris à 15° par exemple, si on le comprime, son volume varie dans le sens indiqué par la loi de Mariotte, et à mesure que la pression augmente ce volume devient de plus en plus petit. Pour les fortes compressions, on constate que le gaz a un volume plus faible que ne le veut la loi : le gaz comprimé n'a plus la simplicité de constitution que nous invoquions plus haut ; sa densité en ce moment n'est plus une constante, elle augmente. Tout gaz présente de semblables écarts ; mais on trouve toujours certaines valeurs de pression et de température pour lesquelles il suit exactement les deux lois générales ; on dit que le gaz est à l'*état parfait*. C'est dans cet état qu'on calcule les constantes des gaz telles que les densités, et on remarque que beaucoup de gaz sont parfaits dans de grands intervalles de température et de pression.

En continuant à comprimer le gaz carbonique à 15°, il arrive un moment où la matière prend brusquement l'état liquide : la pression exercée n'augmente plus, bien qu'on continue à diminuer le volume ; la quantité de liquide seule croît, surmontée d'une couche gazeuse de plus en plus petite.

Le gaz qui est en contact avec le liquide auquel il a donné naissance est désigné sous le nom de *vapeur saturante* ; la pression de ce gaz, qui est égale à celle qu'il a fallu exercer pour amener la liquéfaction, est dite force élastique maxima de la vapeur saturante pour la température de l'expérience. Cette grandeur ne dépend que de la température, non du volume offert à la vapeur, à l'inverse de ce qui se passe pour un gaz qui n'est pas à l'état de vapeur saturante, et qu'on appelle pour cela vapeur non saturante.

Le caractère de la force élastique maxima d'être invariable est précieux pour constater la liquéfaction d'un gaz comprimé dans un récipient opaque à température constante.

Une vapeur saturante quelconque présente pour chaque température une série de valeurs de la force élastique maxima croissant avec la température, d'une façon constante, mais complexe.

Un liquide se présente toujours à nous comme surmonté d'une couche de vapeur saturante, et l'ensemble est en équilibre.

6. Liquéfaction des gaz. — La condition de liquéfaction étant d'amener un gaz à l'état de vapeur saturante, on pourra agir par simple refroidissement à pression constante, ou par augmentation de pression à température fixe : cette pression arrivera à égaler la force élastique maxima de la vapeur pour une température assez basse, le liquide prendra naissance à ce moment.

Les deux moyens de liquéfaction employés simultanément donnent plus rapidement le même résultat. Ainsi pour le gaz carbonique, il faut une pression de 50 atmosphères à la température de 15°; si on se place à 0°, il ne faut plus qu'une pression de 36 atmosphères, et à —80°, il y a liquéfaction sous la pression ordinaire de l'atmosphère. Si on opère au contraire au-dessus de 31°, la liquéfaction ne se produit plus, quelle que soit la pression ; cette température est dite *point critique*, et tout gaz ou toute vapeur présente un point semblable plus ou moins élevé sur l'échelle thermométrique. On en conclut que, pour liquéfier sûrement un gaz par compression, il faut le prendre au-dessous de son point critique. Les gaz dits permanents, oxygène, hydrogène, etc., ont résisté à toutes les compressions faites à température ordinaire parce que leur point critique est au-dessous de —100°; mais ils ont été liquéfiés par M. Cailletet à l'aide d'un appareil (*fig.* 1) qui permet d'exercer une grande compression, suivie d'une détente brusque, provoquant un abaissement de température consi-

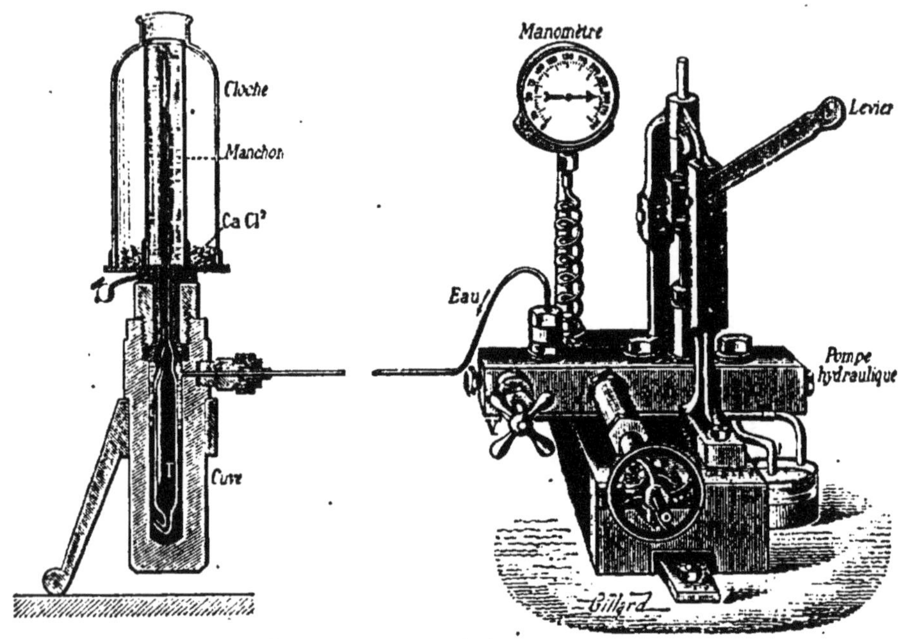

;Fig. 1. — Appareil de M. Cailletet.

dérable : le liquide apparaît sous forme de gouttelettes. Il a été établi ainsi que tout gaz peut être ramené à l'état liquide.

7. État liquide. — Les corps qui sont à l'état liquide se reconnaissent à leur volume invariable, mais ils sont dénués de forme propre : l'eau par exemple se moule complètement sur le vase qui la contient, et se termine par une surface libre horizontale.

On peut constater une faible compressibilité chez les liquides, et une élasticité à peu près parfaite ; la cohésion, ou force qui relie les diverses particules, est très petite en général : le liquide se divise sans difficulté en gouttelettes très fines ; quelques-uns sont visqueux et présentent des exceptions.

Quelle que soit la température, un liquide placé dans un récipient vide émet des vapeurs jusqu'à ce que la force élastique de celles-ci ait atteint la valeur maxima qui correspond à la température de l'expérience : l'existence d'un liquide est donc liée à celle de sa vapeur ; un liquide placé dans le vide indéfini s'évapore complètement. La présence d'un gaz comme l'air n'altère pas l'évaporation ni sa limite ; le phénomène est simplement ralenti. Si on chauffe un liquide pour augmenter l'évaporation, celle-ci finit par se produire par tous les points du liquide à la fois sous forme de grosses bulles ; on dit qu'il y a ébullition.

On constate que quand un liquide bout, la force élastique de la vapeur qu'il émet est égale à la pression exercée sur la surface du liquide ; on appelle point d'ébullition normal la température pour laquelle un liquide bout sous la pression atmosphérique ; la force élastique de la vapeur émise est alors égale à la pression de 76 centimètres de mercure.

Les points d'ébullition normaux sont des constantes précieuses pour chaque liquide ; celui de l'eau a été pris comme température 100° centigrades.

On conserve le nom de vapeurs aux gaz qui peuvent exister à l'état liquide sous la pression atmosphérique et aux températures ordinaires ; quand elles sont loin de leur point de saturation, elles suivent les lois des gaz, et ont en particulier une densité, d'autant plus fixe que la vapeur est plus voisine de l'état parfait.

8. Propriétés des dissolutions. — On peut obtenir un corps liquide homogène en mélangeant à un liquide un autre liquide, ou un gaz, ou un solide. Ce mélange s'appelle dissolution, aussi bien que le phénomène lui-même. La dissolution n'est cependant pas une espèce chimique ayant une individualité propre ; en effet ses propriétés participent de celles des corps mélangés, et en faisant varier l'un d'eux d'une façon régulière, on a des caractères qui se modifient régulièrement aussi. La dissolution des gaz dans les liquides se fait d'après les lois suivantes :

1° *Une atmosphère indéfinie d'un gaz se dissout dans un liquide selon un volume qui, ramené à la pression de cette atmosphère, est en rapport constant avec le volume du liquide, pour une température donnée.*

2° *Une atmosphère indéfinie d'un mélange de plusieurs gaz étant au contact d'un liquide, chaque gaz se dissout comme s'il était seul, et avec sa pression propre.*

La première loi nous montre que ce rapport croît proportionnellement à la pression de l'atmosphère gazeuse ; il décroît avec la température.

Rapporté à l'unité de volume du dissolvant, à la température o° et à la pression 76 centimètres, il s'appelle coefficient de solubilité du gaz, et mesure le volume de ce gaz, mesuré à o° et 76^{cm}, qui se dissout dans l'unité de volume d liquide. C'est une constante du gaz, pourvu qu'on se fixe un dissolvant. La seconde loi permet de décider si une atmosphère gazeuse est formée de plusieurs gaz mélangés, comme c'est le cas de l'air.

Un liquide se mélangeant à un autre liquide, on constate que le mélange est rapidement homogène, si faible que soit la proportion d'un des éléments ; on appelle diffusion cette propriété qui porte les particules d'un liquide à se répandre dans tout l'espace qui est figuré par le dissolvant : elle est favorisée par le peu de cohésion de ces corps. On peut admettre que si le volume du dissolvant est fini, les particules dissoutes possèdent une tension de diffusion qui dépend de ce volume et de la masse du corps dissous à une température donnée. Cette tension particulière s'appelle pression *osmotique*; on a pu la mesurer dans un grand nombre de cas, et lorsqu'on part de solutions assez étendues, on constate que le produit des volumes successifs occupés par une même masse du corps dissous, par la pression osmotique correspondante, est un nombre constant pour une température constante. Les particules dissoutes sont donc dans un état analogue à l'état gazeux; elles sont assez isolées les unes des autres pour pouvoir manifester leurs propriétés.

Les corps solides se dissolvent dans les liquides; tels sont le sucre et le sel marin dans l'eau, le soufre et le phosphore dans le sulfure de carbone. Mais un volume déterminé du dissolvant ne peut dissoudre qu'une quantité finie du corps dissous à température donnée. On dit alors que la solution est saturée.

On définit dans ce cas une grandeur qu'on appelle encore coefficient de solubilité. D'après Gay-Lussac, c'est le poids du corps dissous jusqu'à saturation dans 100 grammes du liquide dissolvant; d'après M. Etard, c'est le poids du corps dissous à saturation contenu dans 100 grammes de la solution. Ces deux grandeurs renseignent également bien sur la composition du mélange; ils croissent tous deux avec la température d'une façon générale, et on peut représenter graphiquement ces variations en portant sur un axe horizontal les températures et sur un axe vertical les coefficients correspondants : ces deux nombres déterminent un point qui représente la solution; l'ensemble de ces points forme la courbe représentative de la solution dans chaque cas (*fig.* 2).

Les courbes de Gay-Lussac (traits pleins) sont concaves

vers OC, et montent bien au delà de $C = 100$ pour le salpêtre dans l'eau par exemple. Celles de M. Etard sont généralement formées de portions de lignes droites, et ne peuvent évidemment aller au delà de l'horizontale menée par

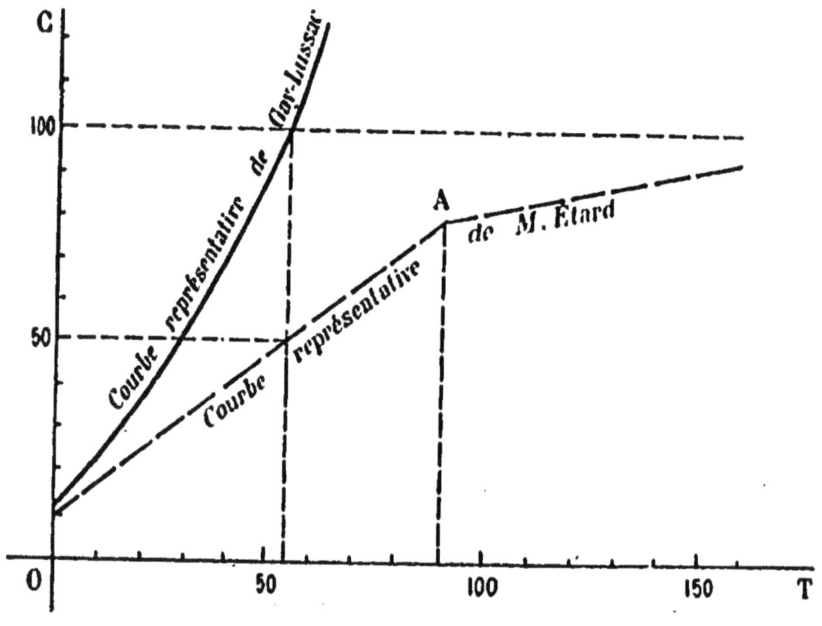

Fig. 2. — Solubilité du salpêtre dans l'eau.
————————• Courbe représentative de Gay-Lussac.
— — — — — — — Courbe représentative de M. Etard.

le point $C = 100$; car ce serait le cas d'une solution contenant $\dfrac{100}{100}$ du corps dissous. Au point A, le changement d'allure de la dissolution aqueuse nous fait prévoir une nouvelle manière d'être du corps dissous, c'est-à-dire nous met sur la trace des combinaisons possibles des deux éléments du mélange.

Une solution saturée peut déposer le corps solide dissous si on la refroidit ou si on évapore le dissolvant ; ou bien le solide peut rester dans le liquide : il y a alors sursaturation, équilibre instable qu'on fait cesser par agitation ou introduction d'un premier noyau solide de même nature. La dissolution d'un solide est un vrai changement d'état, une fusion ; et on retrouve dans la sursaturation une analogie avec la surfusion. Cette dissolution est accompagnée d'une absorption de chaleur.

9. État solide. — A l'état solide, les corps ont un volume et une forme invariables, les particules dont ils sont formés sont maintenues entre elles à des distances fixes et dans des directions constantes. La pesanteur n'agit donc que sur l'ensemble et on n'en observe que la résultante, qui est le poids du solide. Les forces de liaisons des diverses parties, qu'on désigne sous le nom général de cohésion, peuvent être vaincues dans certains cas sans que le corps cesse d'être à l'état solide. Un morceau de fer peut prendre sous le marteau des formes nouvelles et définitives : on dit que le fer est malléable, parce qu'on peut le réduire en feuilles, et qu'il est ductile, parce qu'il peut être étiré en fils ; le verre est cassant dans les mêmes conditions, la cohésion n'étant pas de même espèce que dans le fer.

Un morceau d'acier se déforme si on le comprime dans un sens déterminé, mais il reprend sa forme première si on supprime cette compression, qui ne doit d'ailleurs pas dépasser une certaine limite : on dit que l'acier est élastique. La même compression appliquée au plomb lui donne un changement définitif; c'est un corps mou.

Enfin la compression exercée également dans tous les sens produit sur tous les solides une diminution de volume appréciable : tout solide est doué de compressibilité. Mais cette diminution est définitive dans les corps mous, temporaire dans les corps élastiques.

Quand on refroidit convenablement un liquide, il arrive

un moment où la forme liquide disparaît pour faire place à la forme solide. La solidification se fait selon les lois suivantes :

1° *Un même liquide se solidifie toujours à la même température, si on se place dans des conditions extérieures identiques.*

2° *La température du mélange solide et liquide reste constante si les conditions extérieures ne changent pas.*

La température de solidification d'un liquide sous la pression atmosphérique lorsqu'il est en contact avec une portion de lui-même déjà solidifiée s'appelle point normal de solidification.

Il arrive souvent qu'un liquide convenablement refroidi ne se solidifie pas à son point normal de solidification : il y a alors surfusion ; cet état d'équilibre instable est détruit soit par agitation, soit par introduction dans le liquide surfondu d'une parcelle solide du corps lui-même, ou d'un autre corps très voisin et isomorphe. La température remonte, pendant la solidification, au point normal.

Inversement, si on chauffe un corps solide, il arrive un moment où il prend la forme liquide, s'il peut supporter sans se détruire des variations convenables de température ; on dit qu'il y a fusion. Le point normal de fusion coïncide avec le point normal de solidification, et les lois de la fusion sont analogues à celles que nous avons données plus haut. La liste des points de fusion est de première importance en pyrométrie ; on peut réaliser des milieux à températures connues et uniformes par la fusion de tel ou tel corps simple : le plomb fond à 325°, le zinc à 410°, le platine à 1775°, etc.

La pression a une influence assez faible, mais appréciable sur le point normal de fusion : une augmentation de pression abaisse ce point pour les corps qui, comme la glace, diminuent de volume en se liquéfiant, et l'élève au contraire pour les corps qui se dilatent en se liquéfiant, comme la paraffine, la cire, et la plus grande partie des corps simples.

Il y a des solides qui ne passent pas brusquement à l'état liquide, mais qui prennent une série d'états intermédiaires quand on les chauffe ; ce sont les corps mous : ils n'ont donc pas de point de fusion ; ils repassent par les mêmes états en se solidifiant. Tels sont le fer doux, les résines, le verre, etc. Quand on applique longtemps une force à un bloc de ces corps, ils prennent une déformation définitive ; mais un choc les brise : ils sont dépourvus d'élasticité.

10. Cristallisation. — Dans le passage de l'état liquide à l'état solide, il arrive souvent que les solides se présentent sous l'aspect de masses géométriques polyèdres convexes plus ou moins régulières, et qu'on appelle des cristaux. Tels sont le sel marin, l'alun, etc. (*fig.* 3 et 4). La nature nous offre de nombreux exemples de

Fig. 3. — Cristaux en groupe (alun).

cristaux, et si certains paraissent avoir des angles rentrants, c'est que plusieurs solides convexes se pénètrent ; on dit qu'il y a *macle*. Les corps qui n'ont pas de points de fusion, les corps mous, ne cristallisent que rarement ; la matière est alors dite amorphe, ou colloïde, ou vitreuse.

La symétrie dans la forme extérieure d'un cristal indique que les forces de liaisons des particules solides ne sont pas orientées de façon quelconque : la considération des cristaux peut donc nous renseigner sur la constitution intime de la matière, et à ce titre elle s'impose ici.

Dans la matière amorphe, on ne découvre aucune direction spéciale : l'équilibre entre les forces de liaisons est quel-

Fig. 4. — Cristaux en groupe (quartz).

conque, nullement défini ; l'intérêt offert par la matière sous cette forme est moindre que sous la forme cristallisée.

On provoque la cristallisation de la matière, soit par le passage de l'état liquide à l'état solide (voie sèche ; exemple : le soufre, le bismuth), soit par séparation du corps dissous et du dissolvant (voie humide : sel marin, soufre octaédrique), soit en provoquant le dépôt du corps au sein d'une masse de corps réagissant (électrolyse des sels de plomb, d'étain ; arbre de Saturne). Mais quel que soit le mode employé, on trouve qu'un même corps, placé dans les mêmes conditions, prend toujours la même forme cristalline. Par suite cette forme présente la même importance à connaître que les autres constantes physiques : densité, point de fusion, etc.

Les cristaux d'un même corps, placé dans les mêmes conditions, peuvent avoir des aspects légèrement différents : les faces peuvent être grandes ou petites, avec un nombre de côtés variable. Mais les dièdres formés par deux faces de même espèce sont invariables. C'est ce qu'on constate facilement sur deux variétés de cristaux d'alun octaédrique : si l'octaèdre est complet et régulier, les faces sont des triangles équilatéraux égaux et parallèles deux à deux (*fig.* 5); si l'octaèdre est incomplet, les faces sont encore parallèles deux à deux, mais les unes sont des triangles, les autres des trapèzes (*fig.*6).

On a pu rapprocher des cristaux d'aspects très différents par la considération des centres, axes et plans de symétrie.

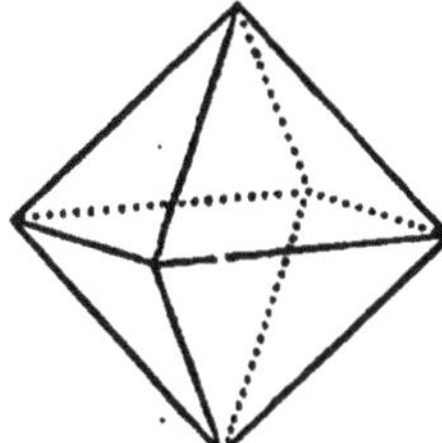

Fig. 5. — Cristal octaédrique.

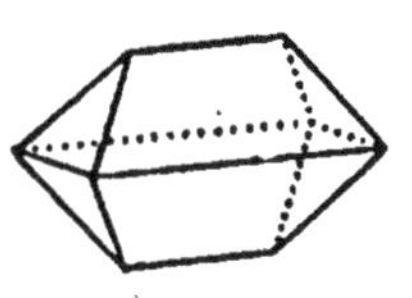

Fig. 6. — Octaèdre incomplet.

Les cristaux étant convexes, il ne peut y avoir qu'un centre de symétrie : c'est un point tel que toute droite y passant coupe la surface du cristal en deux points équidistants du centre. Tous les cristaux connus ont un centre.

Un plan est dit plan de symétrie d'un cristal lorsqu'une face quelconque détermine, par rapport à ce plan, l'existence d'une autre face également inclinée sur le plan. Autrement dit, les faces du cristal peuvent se grouper deux à deux, et le dièdre qu'elles forment a pour bissecteur le plan de symétrie. Les plans de symétrie passent évidemment par le centre.

On dit qu'une droite est axe de symétrie d'ordre n dans un cristal lorsque, par une rotation d'un angle égal à $\dfrac{2\pi}{n}$

autour de cette droite, une face quelconque du cristal peut être amenée en coïncidence avec une autre face ; il y a par suite *n* faces placées symétriquement autour de cet axe. Un axe passe toujours par le centre, et l'intersection des axes et des plans de symétrie coïncide par suite avec ce point. On ne connaît que des axes d'ordre 2, 3, 4 ou 6, et on les qualifie de binaire, ternaire, quaternaire et sénaire.

Un cristal étant déterminé par ses éléments de symétrie, on peut lui faire subir diverses modifications en respectant ces éléments ; la forme cristalline n'est pas changée pour cela. Les modifications ne peuvent être que de nouvelles facettes, on les appelle des troncatures : un angle polyèdre peut être tronqué par un plan sécant ; une arête, une face peuvent être remplacées par d'autres faces. Ces modifications sont soumises à la loi suivante, dite loi de symétrie ou de Haüy :

Loi de Haüy : *Si dans un cristal, un élément (face, angle ou arête) est modifié par une troncature, tous les autres éléments identiques au point de vue de la symétrie sont modifiés de la même façon.*

Ainsi le cube a huit angles trièdres trirectangles identiques (*fig.* 7) : ils sont toujours modifiés de la même façon, par exemple par huit facettes parallèles deux à deux en forme de triangles équilatéraux ; prolongées suffisamment, ces huit facettes forment l'octaèdre régulier, qui a ainsi les mêmes éléments de symétrie que le cube.

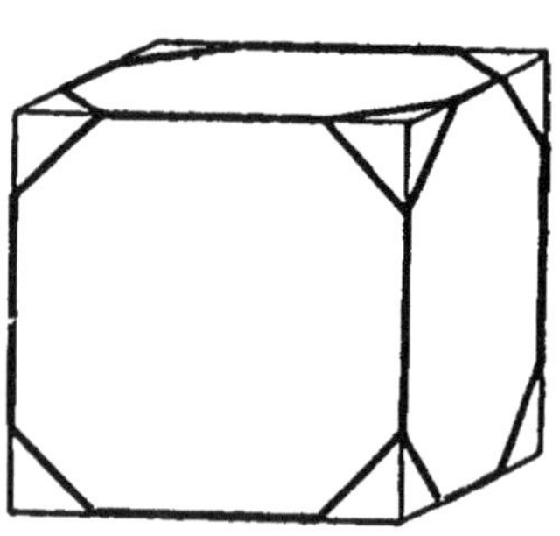

Fig. 7. — Cube modifié par l'octaèdre.

Dans certains cas très rares, la loi de symétrie n'est satisfaite qu'à moitié : par exemple un cube n'a ses angles trièdres modifiés que de deux en deux, il n'y a que quatre facettes qui prolongées formeront un tétraèdre régulier (*fig.* 8). Les modifications de ce genre sont dites des formes hémièdres.

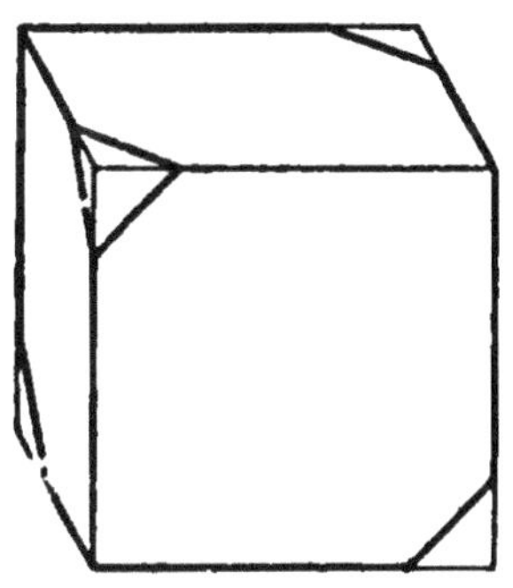

Fig. 8. — Cube modifié par le tétraèdre.

Les éléments de symétrie ont permis de grouper toutes les formes cristallines en sept groupes ayant les mêmes axes, plans et centre de symétrie ; ce sont les systèmes cristallins. Le polyèdre le plus simple de chaque groupe s'appelle la forme fondamentale du système ; à l'aide de modifications selon la loi de Haüy, on peut en déduire toutes les autres.

Le premier système, présentant le plus grand nombre d'éléments de symétrie, est le *système cubique* (*fig.* 9) ; il a pour forme fondamentale un cube. Ce solide a un centre, trois axes quaternaires L^4 joignant les centres des faces opposées et parallèles, quatre axes ternaires L^3 qui sont les diagonales, et six axes binaires L^2 joignant les milieux des arêtes opposées n'appartenant pas aux mêmes faces. Ces droites se coupent toutes au centre C, et si on leur mène par ce point des plans perpendiculaires, on a les plans de symétrie, sauf pour les axes ternaires.

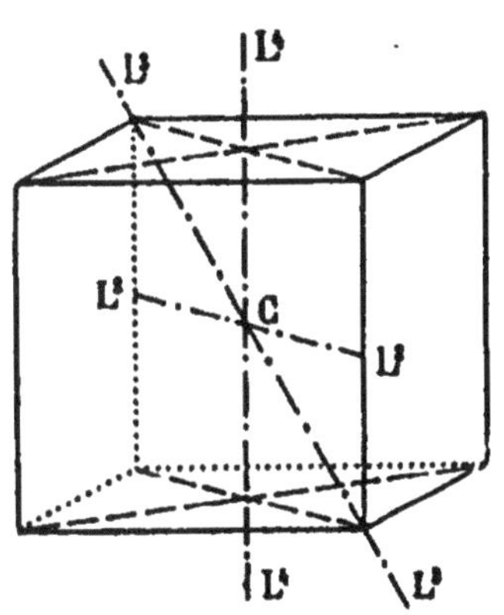

Fig. 9. — Système cubique.

Le nombre des formes dérivées est considérable.

A ce système appartiennent les chlorures de potassium,

de sodium, d'argent (cubes parfaits), les métaux (cubes parfaits), le diamant (cube, octaèdre, dodécaèdre), les aluns (octaèdre), les spinelles (octaèdre), etc.

Le second est le *système quadratique (fig.* 10), sa forme fondamentale est un prisme droit à base carrée ; ce solide admet un axe quaternaire L^4, c'est celui qui joint les centres des deux bases ; et quatre axes secondaires, ce sont les droites qui joignent les centres des faces latérales L^2 ou les milieux des arêtes verticales opposées L'^2 : ils sont identiques deux à deux. Les plans de symétrie leur sont perpendiculaires, il y a en 5.

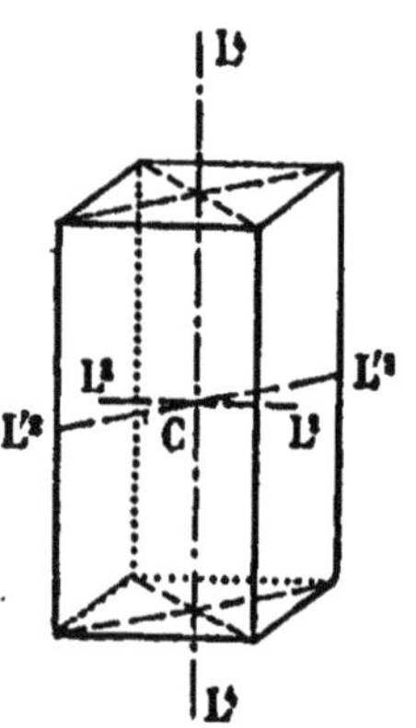

Fig. 10. — Système quadratique.

Dans ce système se trouvent les bioxydes d'étain (cassitérite) et de titane (rutile).

Le troisième est le *système hexagonal (fig.* 11), sa forme fondamentale est un prisme hexagonal régulier. On y trouve un axe sénaire L^6 joignant les centres des deux bases, et six axes binaires joignant les centres des faces opposées L^2 ou les milieux des arêtes verticales opposés L'^2 : ils sont donc de deux espèces. Il en résulte 7 plans de symétrie perpendiculaires à ces droites.

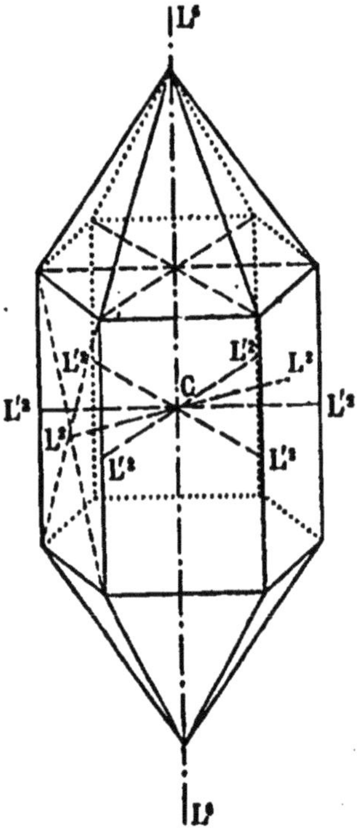

Fig. 11. — Système hexagonal.

Le cristal de roche ou silice cristallisée appartient à ce

système. Le prisme s'y voit surmonté d'une pyramide provenant de la troncature des six arêtes placées autour de chaque base ; on y constate quelquefois des modifications hémiédriques sur les angles polyèdres.

Le quatrième système est dit *rhomboédrique (fig.* 12) ; il a comme forme fondamentale un rhomboèdre, solide à six faces identiques, non pas carrées comme dans le cube, mais losangiques, et associées par groupes de trois également inclinées sur le même sommet ; cela fait deux sommets A, B ; la droite qui les joint est alors axe ternaire L³ ; il y a trois axes binaires L², L'², L"² formés par les droites allant aux points milieux des arêtes opposées; ils sont dans un plan perpendiculaire à l'axe ternaire. Par suite, il y a seulement trois plans de symétrie perpendiculaires aux axes binaires.

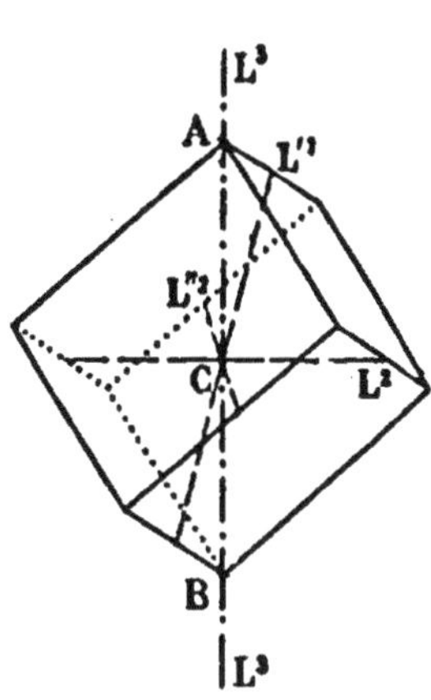

Fig. 12. — Système rhomboédrique.

Exemples : le spath d'Islande ou calcaire cristallisé, le bismuth et l'antimoine.

Le cinquième est le *système orthorhombique (fig.* 13), avec un prisme droit à base rectangle ou rhombe comme forme fondamentale ; il présente trois axes de symétrie binaires L², L'², L"², les droites joignant les centres des faces rectangles opposées,

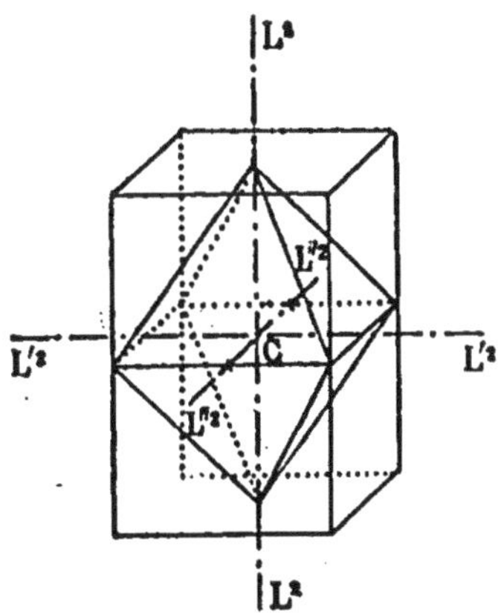

Fig. 13. — Système orthorhombique. Prisme modifié par l'octaèdre.

et trois plans de symétrie qui leur sont perpendiculaires.

Le soufre dit octaédrique dérive de cette forme par la troncature des huit angles solides (*fig.* 13).

Le sixième est le *système clinorhombique* (*fig.* 14) : il est représenté par un prisme oblique à base rectangle ou rhombe; on n'y trouve qu'un seul axe de symétrie binaire L^2, un plan de symétrie perpendiculaire et un centre C.

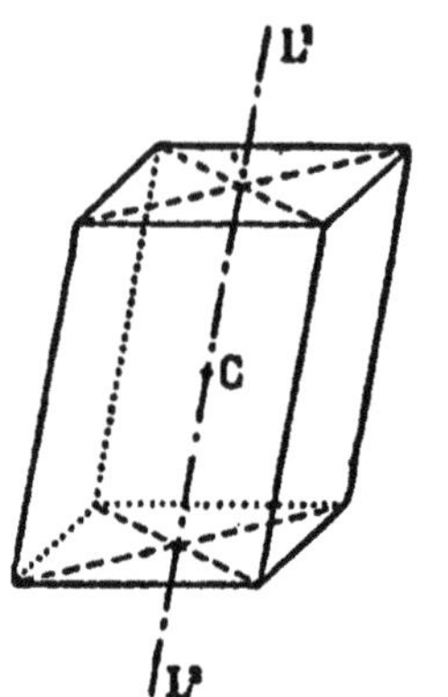

Fig. 14. — Système clinorhombique.

Le soufre dit prismatique, ou en aiguilles, s'y rattache.

Enfin le septième et dernier système est dit *anorthique*, ou *triclinique* (*fig.* 15) : sa forme type est un prisme oblique à base parallélogramme n'ayant pour tout élément de symétrie qu'un centre C.

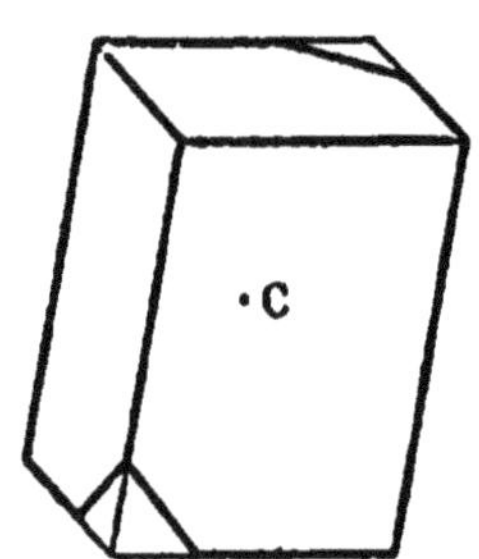

Fig. 15. — Système anorthique ou triclinique.

Le sulfate de cuivre hydraté est un tel prisme : si un angle solide est tronqué, celui qui lui est symétrique par rapport au centre l'est aussi, les six autres peuvent être intacts sans que la symétrie soit dérangée.

11. Polymorphisme et isomorphisme. — Un même corps placé dans des circonstances différentes peut donner naissance à des cristaux appartenant nettement à divers systèmes cristallins ; ce corps est dit polymorphe. Tel est le soufre, qui est dimorphe : obtenu par fusion et refroidissement, il donne des prismes clinorhombiques, et, tiré de sa dissolution sulfocarbonée, il donne des octaèdres du système orthorhombique. Le bioxyde d'étain est trimorphe, et le cristal de roche peut être quadrimorphe. Les diverses formes d'un même corps apportent avec leur aspect propre de nouvelles propriétés et constantes physiques : le soufre octaédrique, stable à température ordinaire, a pour densité 2,07 et fond vers 113° ; le soufre prismatique, stable seulement vers 100°, a pour densité 1,97 et fond à 117°,4.

Les corps qui cristallisent dans le même système, sous la même forme, et qui en plus peuvent coexister dans un même cristal sont appelés isomorphes. Si on mélange une dissolution incolore d'alun ordinaire et une dissolution violette d'alun de chrome, on obtient des cristaux colorés de forme unique, contenant des proportions variables de chaque alun ; cette forme est celle d'un octaèdre comme pour l'alun ordinaire seul : les aluns sont isomorphes.

A cette similitude de formes extérieures correspond une similitude de constitution intime qui est d'un grand secours en chimie (31).

CHAPITRE II

LOIS DES MASSES DANS LES PHÉNOMÈNES CHIMIQUES

---

12. Espèces chimiques. — Pour étudier les diverses matières qu'on trouve dans la nature ou qu'on produit artificiellement, il est nécessaire de bien définir ce que l'on entend par espèce de matière. On s'appuie sur la notion d'homogénéité. Une substance est dite *homogène* lorsque, dans toutes ses parties, elle présente le même aspect et les mêmes propriétés à tous les points de vue; de telle sorte qu'une portion de cette substance, si petite qu'on puisse la réaliser, suffise pour mettre en évidence les propriétés qui la caractérisent.

Une substance homogène ainsi conçue est appelée espèce chimique ; par exemple un morceau de soufre est d'aspect jaune citron, solide à la température ordinaire, insoluble dans l'eau, combustible dans l'air, électrisable par frottement, etc., quelque petit que soit le morceau : voilà une espèce chimique. On en dirait autant de l'eau, du fer, du sucre, du gaz carbonique.

Au contraire, le granite est une roche dure et nous montrant des aspects différents selon les points considérés ; on y voit des parties brillantes et lamelleuses, des parties laiteuses et enfin des cristaux transparents. C'est là un corps *hétérogène*, bien que les proportions des parties précé-

dentes se conservent dans la masse totale ; on peut le ramener
à un mélange de plusieurs espèces chimiques, le mica, le
feldspath et le quartz. Le sable, la poudre à canon, le vin, l'air
sont aussi des mélanges de plusieurs espèces chimiques.

Souvent le mélange est assez intime pour faire croire à
une espèce chimique ; la sagacité et l'habileté de l'opéra-
teur devront en décider. Comme le mélange participe des
propriétés de chaque substance constituante, il n'y aura
qu'à étudier les propriétés de celle-ci pour connaître inci-
demment les propriétés du mélange.

Trouver les espèces chimiques formant un mélange s'appelle faire une *analyse immédiate*. Cette opération doit
précéder les autres en chimie.

Les espèces chimiques se caractériseront avant tout par
leurs propriétés et constantes physiques. Ainsi on détermi-
nera les conditions de leur passage de l'état solide à l'état
liquide et à l'état gazeux. Puis on fixera leurs caractères
sous la forme solide : dureté, forme cristalline, densité ;
sous la forme liquide : dilatation, viscosité, couleur ; sous
la forme gazeuse : élasticité, solubilité,...

Enfin une espèce étant caractérisée physiquement, et cela
suffit pour la distinguer de toute autre en général, on cher-
chera à la transformer en de nouvelles. On met en jeu pour
cela divers moyens, qu'on appelle *agents physiques* : choc,
chaleur, électricité, etc., ou quelquefois le temps seulement.
Le phénomène constitué par des transformations d'espèces
chimiques en d'autres s'appelle une *réaction* chimique.

Ces transformations ont étendu prodigieusement le
domaine de la chimie, par la création pour ainsi dire
indéfinie de substances nouvelles. On saisit mieux encore
par là l'utilité des lois générales pour classer les connaissances acquises. La conception nette de ces lois a exigé un

travail préparatoire énorme, et qui a duré des siècles ; elles ne sont bien établies, en effet, que depuis cent ans environ.

13. Loi de la conservation de la matière. — La première et la plus importante des lois de la chimie est celle de la conservation des masses dans les réactions, due à Lavoisier :

Loi de Lavoisier : *Lorsque plusieurs substances réagissent pour donner naissance à d'autres substances, la masse totale des corps en présence reste constante.*

Lavoisier avait exprimé cela d'une façon plus concise : « la matière est indestructible ; rien ne se perd, rien ne se crée ».

Cette loi se vérifie à l'aide de la balance, instrument qui compare des masses ou des poids ; comme les poids peuvent varier avec le lieu de l'expérience pour une quantité fixe de matière, il vaut mieux comparer des masses et se servir de ce mot dans l'énoncé de la loi ; néammoins le mot poids ne présente aucune ambiguïté. Les vérifications sont innombrables et très rigoureuses ; on en connaît plusieurs cas classiques dus à Stas dans la formation, à partir des éléments, des corps appelés chlorure d'argent, eau, gaz carbonique. Toute réaction nouvelle doit être soumise aux pesées sous peine d'inexactitude et peut-être de perte de matière.

Il peut se présenter deux variétés de réactions chimiques : 1° quand par l'action réciproque de deux ou plusieurs espèces chimiques, il ne se forme qu'une nouvelle substance, celle-ci est dite une *combinaison* des premières, et l'opération qui lui a donné naissance s'appelle une *synthèse* ; 2° inversement, si une seule substance traitée se réduit à plusieurs autres, on dit qu'on a effectué une *décomposition*, et l'opération s'appelle une *analyse*.

Chaque substance qui entre dans une synthèse peut être susceptible de décomposition en d'autres plus simples, et celles-ci de même ; mais on doit arriver forcément à des espèces chimiques sur lesquelles nos moyens d'analyse échouent ; ces espèces limites se présentent donc avec un caractère particulier de simplicité : on les appelle *corps simples* ou *éléments*. Ainsi, lorsque ces éléments entrent en réaction, ce ne peut être que pour donner naissance à des substances plus complexes, qu'on appelle *corps composés* ou simplement combinaisons. Dans ce cas on peut énoncer la loi de Lavoisier ainsi : ·

Le poids d'un composé est égal à la somme des poids des corps simples le composant.

Les corps simples formant tous les autres corps doivent être à la base des recherches chimiques. Leur nombre est d'environ 75, mais en raison même de leur définition, ce chiffre ne saurait être définitif, puisque nos moyens d'analyse et de synthèse peuvent, par leur nouveauté, réduire un corps réputé simple en d'autres plus simples déjà, connus ou encore inconnus, ou inversement former de toutes pièces un corps réputé simple à l'aide d'autres éléments.

On peut dire en résumé : les corps simples ne peuvent que se combiner ; les corps composés se combinent ou se décomposent dans les réactions.

. On désigne sous le nom général d'*affinité* la cause qui porte deux corps à s'unir pour en former un troisième ; cette cause a des degrés, qu'on apprendra à apprécier plus tard. Dans la décomposition d'un corps en d'autres plus simples, on doit vaincre l'affinité des parties constituantes ; l'énergie, mise en jeu dans cette décomposition, donne une mesure de l'affinité. La combinaison est dite stable lorsque l'énergie nécessaire à la détruire est positive ; elle est instable si l'énergie dépensée est négative, c'est-à-dire si la destruction du composé se fait avec production d'énergie.

14. Loi des proportions définies. — La seconde loi des combinaisons est due à Proust, et on l'appelle loi des proportions définies.

LOI DE PROUST : *Quand deux substances simples ou composées se combinent pour donner lieu à un composé bien défini, le rapport des masses composantes est constant.*

Cette loi se vérifie par la balance comme celle de Lavoisier, et elle présente le même degré de rigueur. Ainsi 8 grammes d'oxygène se combinent à 1 gramme d'hydrogène pour donner 9 grammes d'eau ; le rapport des masses composantes est $\dfrac{8}{1}$. Si on prend 8 kilogrammes d'oxygène, il faudra 1 kilogramme d'hydrogène pour obtenir comme combinaison 9 kilogrammes d'eau ; le rapport est le même $\dfrac{8}{1}$; le rapport avec le poids du composé est aussi constant d'après la première loi. Ce fait important montre que deux corps ne peuvent pas s'unir en toutes proportions : la combinaison est caractérisée par des rapports pondéraux invariables de composants ; le mélange admet des rapports quelconques dans ses diverses parties, et ses caractères se modifient lentement avec les proportions de chacune.

Quand on réalise une combinaison à partir des corps constituants, l'excès de poids de l'un d'eux sur la valeur fixée par la loi de Proust reste libre et forme mélange avec la combinaison. Ainsi on le constate pour le soufre et le fer, qui donnent le sulfure de fer quand on chauffe le mélange : la combinaison ne contient que 32 parties de soufre pour 52 de fer ; l'excès de l'un des corps s'incorpore à la masse sous forme de mélange. L'analyse mal conduite de ce mélange avait amené Berthollet à contester la loi de Proust.

15. Loi des proportions multiples· — Une complication se présente d'ailleurs dans l'application de la loi précédente ; il arrive souvent que deux corps peuvent donner naissance, par combinaison, à .plusieurs espèces chimiques bien définies. Le plomb, par exemple, peut s'unir à l'oxygène en plusieurs proportions, mais dans des conditions bien différentes : 100 parties de plomb chauffées à l'air absorbent 7,8 parties d'oxygène et donnent la litharge ; mais 100 parties de plomb chauffées avec un corps oxydant comme le chlorate de potassium absorbent le double d'oxygène, soit 15,6 parties, et donnent l'oxyde puce.

Cette complication étend beaucoup le nombre des combinaisons chimiques possibles ; elle est régie par la loi des proportions multiples ou de Dalton :

LOI DE DALTON : *Si deux corps simples ou composés se combinent en plusieurs proportions, les poids de l'un d'eux qui s'unissent à un poids fixe de l'autre sont entre eux dans des rapports rationnels et généralement simples.*

Dans l'exemple cité plus haut, les poids d'oxygène qui se combinent à un même poids (100^{gr} de plomb) sont $7^{gr},8$ et $15^{gr},6$, ils sont dans le rapport $\dfrac{1}{2}$; inversement, si on rapporte ces résultats à un même poids d'oxygène, soit 1^{gr}, on voit que l'oxyde puce contient $12^{gr},8$ de plomb et la litharge $25^{gr},6$: ces poids sont aussi dans le rapport $\dfrac{1}{2}$.

Un exemple classique est celui des combinaisons de l'oxygène et de l'azote. L'analyse chimique de ces combinaisons montre que :

14 gr. d'azote se combinent à 8 gr. d'oxygène.

14	—	16	—
14	—	24	—
14	—	32	—
14	—	40	—

Ces poids d'oxygène sont entre eux comme les nombres

1, 2, 3, 4, 5.

Les poids d'azote rapportés à 8 d'oxygène seraient évidemment

$$14, \quad \frac{14}{2}, \quad \frac{14}{3}, \quad \frac{14}{4}, \quad \frac{14}{5},$$

c'est-à-dire qu'ils seraient entre eux dans des rapports inverses. La plupart des combinaisons donnent des rapports aussi simples, ou d'autres tels que $\frac{2}{3}$, $\frac{3}{4}$, ... mais guère de plus compliqués. Ce sont là des rapports qu'on peut appeler simples : ils sont toujours rationnels, c'est-à-dire que les poids des composants ont une commune mesure.

La loi des proportions multiples a été surtout vérifiée par Berzélius ; quant à Dalton, il l'a énoncée comme déduction d'idées théoriques que nous exposerons plus loin (Ch. III).

16. Loi des nombres proportionnels. — Les propriétés intimes de la matière mises en évidence dans les premières lois sont encore plus clairement établies quand on compare non plus un petit nombre de composés où figure le même élément, mais toutes les combinaisons deux à deux des éléments ou des composés de même espèce. La quatrième et dernière loi générale qu'on en déduit, est connue sous le nom de loi des nombres proportionnels ou de Richter.

Loi de Richter : *Lorsqu'on combine un corps simple ou composé avec plusieurs autres successivement, en une seule proportion, les masses de ces derniers qui entrent dans les combinaisons choisies sont entre elles dans les rapports suivant lesquels ces corps peuvent se combiner entre eux, ou bien ces rapports ne diffèrent des précédents que par un facteur simple et rationnel.*

L'expérience a montré par exemple que l'oxygène se combine aux corps soufre, chlore, hydrogène, mercure, suivant les nombres :

8 grammes d'oxygène s'unissent à 32 grammes de soufre ;
8   —   35, 5 —   de chlore ;
8   —   1   —   d'hydrogène ;
8   —   100   —   de mercure.

Si on réalise une combinaison de soufre avec le chlore, l'hydrogène et le mercure, on trouve que :

32 grammes de soufre s'unissent à 35ᵍʳ,5 de chlore ;
32   —   1   —   d'hydrogène ;
32   —   100 —   de mercure.

Enfin le chlore et le mercure forment des composés :

35ᵍʳ,5 de chlore s'unissent à 100 grammes de mercure ;
35ᵍʳ,5   —   50   —

Les premiers rapports pondéraux se retrouvent donc dans toutes les combinaisons de ces corps simples, à une constante rationnelle près.

On peut généraliser de la façon suivante :

Soit un corps X qui se combine aux corps A, B, C, ... suivant les rapports de masses x, a, b, c, ... ; les corps A, B, C se combinent entre eux suivant les rapports de masses

$$\frac{a}{b}, \quad \frac{a}{c}, \quad \frac{b}{c}, \ldots,$$

ou les rapports

$$\frac{ma}{nb}, \quad \frac{m'a}{n'c}, \quad \frac{m''b}{n''c}, \ldots$$

$m,\, n,\, m',\, n',\, m'',\, n'',\, \ldots$ étant des nombres entiers simples.

Dans le cas des corps composés les plus usuels de la chimie, les acides et les bases, la loi prend une forme un peu différente, et qui avait été tout d'abord établie par Richter. Si l'on forme les combinaisons de la potasse par exemple, avec divers acides, sulfurique, azotique, chlorhydrique, on trouve que

```
56 gr. de potasse se combinent avec 98 gr. d'acide sulfurique ;
56      —              —       63    —      azotique ;
56      —              —       36,5  —      chlorhydrique.
```

Si on combine la soude avec ces acides, en se fixant le poids de l'un d'eux, $36^{gr}{,}5$ d'acide chlorhydrique, on trouve un poids, 40^{gr}, de soude ; d'où la série

```
40 gr. de soude se combinent à 36gr,5 d'acide chlorhydrique ;
40      —              —       63    —      azotique ;
40      —              —       98    —      sulfurique ;
```

résultat tout à fait général qui peut s'énoncer : les poids d'acides qui se combinent à une même base sont dans des rapports constants et simples quelle que soit la base.

La vérification de la loi sous sa première forme est des plus importantes au point de vue pratique. Dalton et Berzélius, grâce à leurs idées nettes sur les éléments, arrivèrent à des nombres exacts qui entraînèrent la forme définitive de l'énoncé.

Remarquons d'abord qu'elle est beaucoup plus générale que les lois de Proust et de Dalton, car elle les contient implicitement toutes les deux; elle précise davantage les faits.

Prenons les combinaisons de deux éléments, tels que le soufre et le fer ; l'analyse nous apprend que l'une contient 16^{gr} de soufre pour 28^{gr} de fer. Cela nous autorise à dire que tous les composés du soufre et du fer contiennent m fois 16^{gr} de soufre pour n fois 28^{gr} de fer, m et n étant des nombres rationnels simples : c'est la loi de Dalton. On peut exprimer le résultat de l'analyse des composés de soufre et de fer par le rapport de poids,

$$\frac{m \cdot 16}{n \cdot 28} \qquad \text{ou} \qquad \frac{m}{n} \times \frac{16}{28};$$

le rapport $\dfrac{m}{n}$ sera rationnel comme m et n. On juge de l'importance de la connaissance des nombres 16 et 28 se rapportant au soufre et au fer ; on peut d'ailleurs prendre 8 et 14, ou encore 32 et 56, etc. : le rapport seul est invariable.

Voyons de même les combinaisons de l'oxygène et du soufre ; l'une d'elles contient 1^{gr} d'oxygène pour 4^{gr} de soufre ; la composition générale des combinaisons de ces deux éléments est représentée en poids par le rapport

$$\frac{m' \times 1}{n' \times 4}, \qquad \text{ou} \qquad \frac{m'}{n'} \times \frac{1}{4},$$

avec la même remarque pour m' et n' que pour m et n; et le rapport $\dfrac{1}{4}$ peut s'écrire $\dfrac{8}{32}$ ou $\dfrac{16}{64}$ ou $\dfrac{4}{16}, \dots$

D'après la loi de Richter, nous aurons avantage à prendre $\dfrac{4}{16}$, si nous voulons relier les deux séries de composés du soufre soit avec l'oxygène soit avec le fer; car 16 correspond au poids de soufre choisi pour représenter la composition de la première série de combinaisons. Celle de la seconde série considérée sera représentée alors par le rapport $\dfrac{m'' \times 4}{n'' \times 16}$, et enfin la troisième série de composés, contenant le fer et l'oxygène, aura pour composition générale

$$\dfrac{m'''}{n'''} \times \dfrac{4}{28}.$$

17. Nombres proportionnels. — Si on examine ainsi les combinaisons des éléments deux à deux, on arrive à se fixer un nombre unique pour chacun, tel que 4, 16, 28 pour l'oxygène, le soufre, le fer, et qui servira à exprimer la composition de ces corps composés. Les éléments A, B, C, ... donnant les nombres a, b, c, ..., on peut écrire d'avance que deux quelconques d'entre eux B et C se combinent dans le rapport de poids

$$\dfrac{p.b}{q.c}.$$

Ces nombres a, b, c, ... qui sont capables de caractériser un élément dans ses combinaisons sont dits les nombres proportionnels des corps A, B, C, ...

Leur valeur n'est déterminée qu'à un facteur entier près, puisque les rapports seuls des poids des composants sont invariables ; ils peuvent donc être choisis très différemment : il y aura à tenir compte des questions de commodité, de théorie mise en accord avec les faits, etc. Quel que soit le système de nombres adoptés, le résultat sera toujours le même : on devra être d'accord avec les données de l'analyse chimique.

Aujourd'hui, on s'est arrêté généralement à un système de nombres proportionnels dits *poids atomiques*, dans lequel on prend 16 pour l'oxygène, 32 pour le soufre, 56 pour le fer, etc.

Notation chimique.

18. L'utilité des nombres proportionnels se montre plus clairement par une notation spéciale introduite en chimie. On convient de représenter chaque corps simple par sa première lettre, ou par ses deux premières, s'il se trouve deux d'entre eux ayant la même première, et on obtient le symbole du corps simple : S signifie soufre, Fe signifie fer.

On attribue à chacun de ces symboles la valeur numérique choisie comme nombre proportionnel ; par exemple S représentera 32^{gr} de soufre, Fe sera 56^{gr} de fer. Les composés de ces deux éléments contenant m fois 32^{gr} de soufre, n fois 56^{gr} de fer, seront clairement représentés par la formule chimique

$$S^m + Fe^n,$$

ou simplement $\qquad\qquad S^mFe^n,$

m et n n'étant que des facteurs et non des exposants ; cette formule représente un poids déterminé de composé : $(32m + 56n)$ grammes. Pour exprimer que l'on veut prendre p fois ce poids, on met le nombre p en coefficient :

$$pS^mFe^n;$$

p porte donc sur toute la formule.

Un composé de plus de deux éléments se représente par des symboles analogues. Ainsi l'oxygène, le soufre et le fer donnent des composés, avec $O = 16$ pour l'oxygène, dont le symbole est

$$O^mS^pFe^q,$$

permettant d'en connaître la composition à première vue.

Cette notation, conséquence de la loi de Richter, permet aussi d'exprimer la conservation des masses dans les réactions chimiques. Si d'un côté on écrit les formules des corps réagissants avec les proportions qui leur conviennent, et de l'autre celles des corps résultants, les deux masses sont égales. L'expression de cette égalité est ce qu'on appelle une *équation chimique*.

Soit par exemple à formuler la réaction de l'acide sulfurique sur le zinc. On sait qu'il en résulte du gaz hydrogène et un corps solide appelé sulfate de zinc. Les formules respectives de l'acide sulfurique et du sulfate de zinc étant SO^4H^2, SO^4Zn, avec $H = 1$ et $Zn = 66$, on écrit

$$SO^4H^2 + Zn = SO^4Zn + H^2.$$

Les corps en contact sont séparés par le signe $+$.

La quantité d'acide sulfurique représentée par SO^4H^2 étant

$$32 + 4 \times 16 + 2 \times 1 = 98^{gr},$$

ceci montre qu'il faut ajouter 98^{gr} de ce corps à 66^{gr} de zinc pour que la réaction soit complété sans excès de l'une des deux masses réagissantes. On obtient alors 2^{gr} d'hydrogène correspondant à H^2, et un poids de sulfate de zinc égal à

$$32 + 4 \times 16 + 66 = 162^{gr}.$$

Ces proportions étant invariables, on est en mesure de résoudre le problème suivant :

On veut préparer p grammes d'hydrogène ; combien faut-il employer de zinc et d'acide sulfurique ?

Puisque 2^{gr} d'hydrogène exigent 98^{gr} d'acide et 66^{gr} de zinc, p grammes en exigeront $\dfrac{p}{2}$ fois autant, c'est-à-dire $98 \times \dfrac{p}{2}$ grammes d'acide et $66 \times \dfrac{p}{2}$ grammes de métal.

Ou encore :

On dispose de p' grammes de zinc. Combien peut-on

préparer de sulfate de zinc à partir de l'acide sulfurique?

L'égalité nécessaire entre les deux membres de l'équation chimique permet d'éviter l'omission d'un terme de la réaction ; la balance est l'instrument de vérification générale, mais les proportions prises dans le premier membre permettent de prévoir la formation d'un composé pouvant échapper à l'observation, soit sous forme de gaz, soit sous forme de corps dissous. La vérification de toutes les réactions chimiques est une chose importante, qui met de temps à autre sur la trace d'un corps nouveau.

Ces formules ne représentent cependant pas tout dans une réaction chimique ; il faudra n'y voir qu'une traduction de la loi de Lavoisier. Or les circonstances dans lesquelles se passe la réaction peuvent changer les produits finaux ; d'autre part, il y a autre chose que les masses à considérer, il y a l'énergie mise en jeu. Il y aura donc plus tard à les compléter.

19. Tableau des poids atomiques des principaux corps simples avec leurs symboles.

Métalloïdes.

Hydrogène	$H = 1$	Azote	$Az = 14$
Fluor	$Fl = 19$	Phosphore	$P = 31$
Chlore	$Cl = 35,5$	Arsenic	$As = 75$
Brome	$Br = 80$	Antimoine (Stibium)	$Sb = 120$
Iode	$I = 127$	Bismuth	$Bi = 208$
Oxygène	$O = 16$	Carbone	$C = 12$
Soufre	$S = 32$	Silicium	$Si = 28$
Sélénium	$Se = 79$		
Tellure	$Te = 128$	Bore	$B = 11$

Métaux.

Lithium	$Li = 7$	Magnésium	$Mg = 24$
Sodium (Natrium)	$Na = 23$	Calcium	$Ca = 40$
Potassium (Kalium)	$K = 39$	Strontium	$Sr = 87$
Argent	$Ag = 108$	Baryum	$Ba = 137$

Chrome	Cr = 52	Zinc.	Zn = 65
Manganèse.	Mn = 55	Cadmium	Cd = 112
Fer	Fe = 56	—	
Nickel . . . . . · . .	Ni = 58,7	Aluminium	Al = 27
Cobalt.	Co = 58,9	Indium	In = 113
Uranium	Ur = 240	—	
—		Or (aurum)	Au = 196
Cuivre	Cu = 63	—	
Mercure (hydrargyre)	Hg = 200	Palladium	Pd = 106
Plomb.	Pb = 206	Iridium	Ir = 192
Étain (stannum). . .	Sn = 117	Platine.	Pt = 194

20. Lois des combinaisons gazeuses. — Les lois des masses s'appliquent en toute rigueur quel que soit l'état physique des corps composants : par exemple, 80 gr. d'oxygène se combinent toujours à 62 gr. de phosphore pour donner de l'anhydride phosphorique, que l'on prenne le phosphore rouge, ou le phosphore blanc, ou la vapeur de phosphore ; les rapports des poids obtenus sont d'ailleurs quelconques et non simples en général.

Si l'on prend la matière à l'état gazeux, quand cela est possible, les volumes des composés et des composants pris dans les mêmes conditions de température et de pression sont dans des rapports plus simples. Ces volumes correspondent à des masses bien déterminées de substances, car les densités gazeuses sont des nombres invariables et caractéristiques ; on peut donc substituer des mesures de volumes à des mesures de poids dans les gaz, pour simplifier la loi des proportions définies.

Le chlore et l'hydrogène, par exemple, forment une combinaison gazeuse en s'unissant dans le rapport de poids $\dfrac{35,5}{1}$; si on mesure les volumes de ces deux gaz qui correspondent à ces poids, on trouve qu'ils sont égaux. Il est plus simple de dire que le chlore et l'hydrogène se combinent à volumes égaux que de dire qu'ils se combinent suivant les poids 35,5 et 1 ; connaissant d'autre part ces deux résultats numériques en poids et en volume, on peut en conclure que des poids 35,5 et 1.de chlore et d'hydrogène correspondent à des volumes égaux, ou encore que la densité du chlore rapportée à l'hydrogène est 35,5. Le composé gazeux produit, qu'on appelle acide chlorhydrique, occupe deux fois le volume de l'hydrogène, autrement dit le volume du composé gazeux est ici égal à la somme des volumes des gaz composants.

On peut écrire

$$H + Cl = HCl,$$
$$1 \text{ vol. } H + 1 \text{ vol. } Cl = 2 \text{ vol. } HCl.$$

Les gaz oxygène et hydrogène se combinent dans le rapport de poids $\dfrac{16}{2}$ pour donner de l'eau. La synthèse montre qu'il faut prendre, pour avoir ce rapport, 2 volumes d'hydrogène pour 1 volume d'oxygène mesurés dans les mêmes conditions ; la densité de l'oxygène rapportée à l'hydrogène est ici 16, rapport entre les poids de volumes égaux de ces deux gaz ; enfin l'eau formée, mesurée à l'état de vapeur dans les conditions où l'on a mesuré les gaz composants, occupe deux volumes, et non trois. Cette réaction s'exprime ainsi

$$O + H^2 = H^2O,$$
$$1 \text{ vol. } O + 2 \text{ vol. } H = 2 \text{ vol. vapeur } H^2O.$$

Citons encore le cas du gaz ammoniac, combinaison gazeuse d'azote et d'hydrogène, contenant 14 gr. du premier corps pour 3 gr. du second, ou 1 volume d'azote pour 3 d'hydrogène ; le volume du composé résultant de ces 4 volumes n'est que de 2 fois le volume de l'azote.

$$Az + H^3 = AzH^3,$$
$$1 \text{ vol. } Az + 3 \text{ vol. } H = 2 \text{ vol. } AzH^3.$$

Ces résultats généralisés par Gay-Lussac ont donné la loi suivante :

LOI DE GAY-LUSSAC : *Les volumes des gaz qui s'unissent sont dans des rapports simples, et si le composé est gazeux, son volume est aussi en rapport simple avec celui de chaque composant.*

On vérifie surtout cette loi dans les composés des métalloïdes, catégorie d'éléments presque tous gazeux ou volatils, et non sur les composés métalliques, qui sont des corps simples à peu près fixes. Une expérience classique consiste à faire passer un même courant électrique dans trois voltamètres placés à la suite l'un de l'autre et contenant : l'un de l'acide chlorhydrique dissous, l'autre de l'eau, et le troisième de l'ammoniaque liquide (*fig.* 16). Il y a décomposition de ces trois corps : à chaque cathode il y a un volume égal d'hydrogène mis

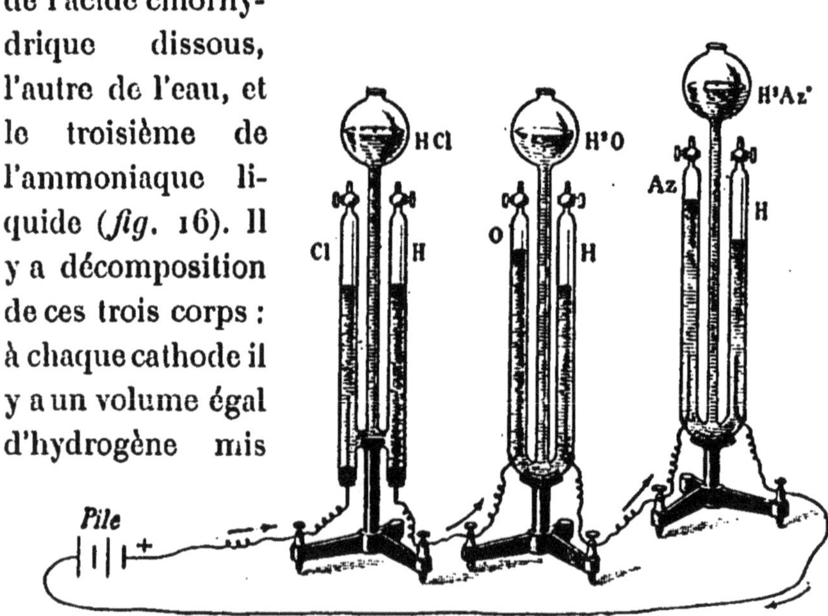

Fig. 16. — Appareil de Hoffmann pour la vérification de la loi des volumes.

en liberté, mais aux anodes des volumes de chlore, d'oxygène et d'azote égaux à 1, $\dfrac{1}{2}$ et $\dfrac{1}{3}$ du volume d'hydrogène.

Les rapports des volumes des composants et du composé

étant simples et rentrant généralement dans l'un des trois cas précédents, on peut dire que :

1° Si les volumes des composants sont égaux, le volume du composé est égal à la somme des volumes des composants :

$$1 \text{ vol. } Az + 1 \text{ vol. } O = 2 \text{ vol. } AzO ;$$

2° Si les volumes des composants sont inégaux, le volume du composé est plus petit que leur somme ; la diminution est le $\dfrac{1}{3}$ de cette somme si le rapport des volumes composants est $\dfrac{1}{2}$; elle en est la moitié si le rapport des volumes composants est $\dfrac{1}{3}$:

$$1 \text{ vol. vapeur } S + 2 \text{ vol. } O = 2 \text{ vol. } SO^2,$$
$$1 \text{ vol. vapeur } S + 3 \text{ vol. } O = 2 \text{ vol. } SO^3 \text{ vapeur.}$$

Ces conclusions sont en défaut quand les gaz composants ne sont pas des éléments ; les rapports restent simples :

Deux volumes d'oxyde de carbone CO et deux volumes de chlore donnent deux volumes de gaz oxychlorure de carbone $COCl^2$ et non pas 4 vol. ; de même, 2 volumes de bioxyde d'azote AzO et 1 volume de chlore donnent 2 volumes de chlorure d'azotyle AzOCl.

21. Densités théoriques des gaz. — La loi de Lavoisier, appliquée aux combinaisons gazeuses des corps simples, permet de calculer les densités de ces combinaisons. L'acide chlorhydrique donne :

$$1 \text{ vol. } H + 1 \text{ vol. } Cl = 2 \text{ vol. } HCl.$$

Si les densités mesurent les masses de l'unité de volume, ceci peut s'écrire, en appelant D, D', D″ les trois densités,

$$D + D' = 2D'' ;$$

d'où la densité de l'acide chlorhydrique

$$D'' = \frac{D + D'}{2}.$$

Prenons les densités de ces trois gaz par rapport à l'air ; on vérifie que

$$\frac{0,0695 + 2,44}{2} = 1,25.$$

Si on les prend par rapport à l'hydrogène, la vérification se fait aussi bien :

$$\frac{1 + 35,5}{2} = 18,25.$$

La composition de la vapeur d'eau permet d'écrire

$$2 \text{ vol. } H + 1 \text{ vol. } O = 2 \text{ vol. vap. } H^2O,$$
$$2D + D'_1 = 2D'_1,$$

d'où

$$D''_1 = \frac{2D + D'_1}{2}.$$

Par rapport à l'air, on vérifie bien que

$$0,622 = \frac{2 \times 0,0695 + 1,1050}{2} ;$$

et par rapport à l'hydrogène

$$9 = \frac{2 + 16}{2}.$$

Les densités calculées ainsi diffèrent quelquefois des densités obtenues par les méthodes physiques ; c'est pour cela qu'on les appelle densités théoriques.

Remarquons que, quelles que soient les densités choisies, elles forment une suite de nombres proportionnels : ce sont en effet, à un facteur rationnel près, les proportions suivant lesquelles les éléments se combinent.

CHAPITRE III

DÉTERMINATION DES POIDS ATOMIQUES
ET DES POIDS MOLÉCULAIRES

---

22. Théorie atomique. — Les poids atomiques sont des nombres adoptés aujourd'hui pour représenter les rapports pondéraux suivant lesquels les corps simples se combinent. On devrait dire masses atomiques, car ce sont des masses invariables qu'on a en vue, et non des poids, variables d'un lieu de la terre à l'autre ; cette variation est cependant assez faible pour un même pays pour qu'on puisse conserver la première expression.

Dans le choix d'un système de nombres proportionnels, il est indispensable de rechercher tous les avantages possibles : d'abord la simplicité des résultats ; les réactions chimiques ne s'exprimeront en formules avec quelque utilité que si celles-ci sont simples et qu'elles renseignent sur le rôle de chaque corps réagissant. Il faudra aller plus loin que le résultat numérique d'une analyse ou d'une synthèse : on devra coordonner les conclusions tirées d'un grand nombre d'expériences, et les relier par une générali-lisation. Une interprétation de phénomènes chimiques ne se déduit pas toujours d'un examen immédiat des faits ; notre esprit est porté à chercher des comparaisons fami-lières ou des images qui pourront se manier plus facilement : celles-ci fournissent un guide précieux pour d'autres recherches, et un instrument de travail nouveau et souvent indispensable.

Ces images, qu'on appelle des *hypothèses*, sont un résultat de généralisation hâtive dont on doit se méfier, mais qu'on ne doit pas rejeter : elles sont d'autant plus parfaites et plus utiles qu'elles se prêtent à l'explication d'un plus grand nombre de faits ; ce sont alors des *théories*.

Une théorie vraiment digne de ce nom doit se montrer féconde, c'est-à-dire prévoir des faits nouveaux ; et ceux-ci, après vérification, serviront d'appui *a posteriori* à la théorie et lui donneront un caractère plus scientifique.

Cependant ces preuves expérimentales resteront vraies, même si une autre théorie plus parfaite les explique et se montre plus féconde que la première ; celle-ci sera regardée comme incomplète, et même comme fausse si elle est en contradiction avec des faits nouveaux. — Aucune théorie n'est à dédaigner si elle a une base scientifique : c'est en combattant la théorie du phlogistique que Lavoisier créa sa chimie ; c'est en complétant la théorie des nombres proportionnels dits *équivalents* que la théorie atomique s'est établie et la chimie lui doit la plupart de ses progrès depuis cinquante ans ; elle est donc féconde.

La conception des poids atomiques a pour point de départ une hypothèse sur la constitution de la matière.

On sait que la loi de Proust constate la fixité du rapport pondéral des parties constituant un corps composé : l'analyse chimique donne ce rapport pour chacun. Par esprit de généralisation, Dalton voulut aller plus loin que l'expérience, il chercha une image faisant ressortir la simplicité et la généralité de la loi : c'est l'hypothèse des atomes, renouvelée des Grecs, mais plus précise.

La matière n'est pas continue, même dans les corps homogènes, comme le prouvent les phénomènes de dilatation, de compression, d'élasticité, de· dissolution, etc. Elle est divisible en blocs de plus en plus petits, réunis d'abord par la cohésion, puis séparés mécaniquement. Admettons que cette division poussée très loin nous amène à une limite, que nous ne pouvons atteindre pratiquement. Chaque corps étant ainsi divisible en blocs limites, sera formé par leur réunion ; mais il faudra les supposer placés à des distances suffisantes les uns des autres pour leur permettre certains mouvements autour de leur position d'équilibre : ils seront maintenus en place par des forces d'attraction et de répulsion, variant suivant les circonstances, et nous avons nommé la résultante de ces forces, la cohésion.

Ces blocs de matière marquant la limite de divisibilité d'un corps s'appellent *molécules* ; chacune sera l'image la plus réduite de la substance, présentant toutes les propriétés de l'espèce chimique d'où l'on est parti ; de sorte que sa connaissance suffira pour posséder celle de l'espèce. Son poids sera dit *poids moléculaire*, il sera caractéristique de la substance.

La notion de corps composés, qui nous est fournie par la loi de Lavoisier, nous oblige à admettre qu'il y a des molécules composées. Ainsi l'eau est formée d'oxygène et d'hydrogène ; la craie est formée de calcium, de charbon et d'oxygène. Chaque molécule d'eau, comme une masse quelconque d'eau, contient des proportions fixes d'oxygène et d'hydrogène ; l'analyse chimique, qui nous permet cette décomposition, pousse donc la division de la matière plus loin que le terme molécule. La fixité du rapport des masses des composants qui forment un composé s'explique en disant que la molécule composée est formée de particules matérielles de natures diverses qu'on appelle des *atomes*. Quand nous constaterons que dans la molécule d'eau il y a m atomes d'oxygène et n atomes d'hydrogène, mais pas autre chose, cela signifiera que ces atomes résistent à tout mode de décomposition connu ; ce sont des masses indivisibles par tous les moyens physiques et chimiques, et ils sont justement nommés atomes.

Ils caractérisent donc ce que nous avons appelé éléments ou corps simples ; l'analyse ne nous y montre que des molécules identiques et formées d'atomes identiques : ceux-ci se déplacent dans les réactions chimiques en conservant tous leurs caractères distinctifs. On doit leur attribuer, aussi bien qu'aux molécules, une étendue finie et une masse invariable ; échappant à l'observation directe, on ne peut les mettre en évidence que par leurs propriétés ; on les pèse avec la même unité que les molécules, et leurs poids s'appellent les *poids atomiques*. On devra déterminer pour chaque élément son poids atomique et son poids moléculaire ; tout composé aura seulement son poids moléculaire, égal à la somme des poids des atomes qui constituent la molécule.

Voyons comment la théorie précédente interprète et éclaircit les phénomènes et les lois de la chimie déjà connus.

Un élément aura tous ses atomes identiques et de même poids ; ses molécules seront des groupements d'atomes en nombre quelconque, mais fixe. Bien que ces molécules ne contiennent qu'une espèce d'atomes, cela ne signifie nullement identité entre l'atome et la molécule chez les corps simples ; au contraire, si on imagine deux groupements différents d'atomes identiques, on a des molécules différentes : c'est ainsi qu'un même élément peut se présenter à nous sous divers aspects, qu'on appelle ses états allotropiques. Le phosphore est connu à l'état de phosphore blanc, de densité 1,84, et à l'état de phosphore rouge cristallisé, de densité 2,34.

Une combinaison chimique se formera par la juxtaposition d'atomes différents sous des influences variables dont la résultante a été appelée *affinité*; étant homogène, la combinaison a ses molécules identiques : cela ne peut être que si les atomes sont groupés de la même façon dans la molécule. On peut concevoir ces mêmes atomes, en même nombre, groupés différemment ; la combinaison nouvelle est dite *isomère* de la première, elle présente avec celle-ci des variations de propriétés que l'analyse chimique est impuissante à expliquer.

Soit une combinaison chimique de deux éléments A et B, ayant sa molécule formée de m atomes du corps A pesant chacun a unités, et n atomes de B pesant chacun b unités. La réunion de ces $m + n$ atomes ne changeant pas leurs masses, la molécule doit avoir un poids $ma + nb$. Ce fait appliqué à un nombre quelconque de molécules du composé constitue la loi de Lavoisier.

La proportion suivant laquelle les poids des substances A et B figurent dans cette combinaison est égale à celle qu'indique la constitution de la molécule, c'est-à-dire $\dfrac{ma}{nb}$; elle est fixe pour un même composé; c'est l'expression de la loi de Proust.

Si les deux éléments précédents se combinent en plusieurs proportions, on ne doit trouver dans chacune des molécules correspondantes que des nombres entiers d'atomes de A et de B. Par exemple, un atome de A se combinera à 1, 2, 3,... atomes de B ; ou 2 atomes de A aux mêmes nombres d'atomes de B ; ou en général $m, m', m'',...$ atomes de A s'uniront à $n, n', n'',...$ atomes de B. Ces nombres $m, m', m''... n, n', n'',$ ... sont entiers puisque les atomes sont indivisibles. Donc les rapports $\dfrac{m}{n}, \dfrac{m'}{n'}, \dfrac{m''}{n''},$ ... sont rationnels ; c'est la loi de Dalton.

La loi de Richter s'explique avec la même facilité : si plusieurs corps B, C, D,... s'unissent successivement à un même corps A, en ne considérant qu'une seule combinaison de chacun d'eux, on exprime leur composition par les rapports

$$\frac{ma}{nb}, \quad \frac{m'a}{n'c}, \quad \frac{m''a}{n''d}, \quad \dots$$

avec $a, b, c, d,...$ poids atomiques et $m, m', m'',$ ..., $n, n', n'',...$ nombres entiers convenables. Or entre B et C, il ne peut y avoir combinaison que suivant les rapports de poids $\dfrac{b}{c}$ ou $\dfrac{qb}{q'c}$ avec q, q' nombres entiers ; entre B et D, il ne peut y avoir combinaison que suivant les rapports de poids $\dfrac{b}{d}$ ou $\dfrac{rb}{r'd}$, r, r' étant des nombres entiers, etc. Tous ces éléments se combinent donc suivant des rapports pondéraux égaux aux quotients de leurs poids atomiques ou des multiples rationnels de ces quotients.

Les poids atomiques sont bien des nombres proportionnels ; comme d'ailleurs les molécules des corps simples sont formées d'un ou plusieurs atomes identiques, les poids des molécules seront des multiples des poids atomiques correspondants : les poids moléculaires sont aussi des nombres proportionnels. Les poids atomiques caractériseront mieux la substance simple que les poids molécu-

leires, puisqu'on peut concevoir plusieurs molécules différentes formées avec le même atome pris en nombre et en
dispositions variables.

Éclaircissons la conception atomique par quelques
exemples.

L'azotate d'argent et le chlorure de sodium ont leurs
molécules formées respectivement de: azote, oxygène,
argent, et: chlore et sodium. Mis en contact après dissolution dans l'eau, ces corps échangent leur argent et leur
sodium, formant ainsi de nouvelles molécules, les unes
d'azotate de sodium, contenant: azote, oxygène, sodium;
les autres de chlorure d'argent, contenant : chlore et
argent. Les atomes seuls d'argent et de sodium se sónt
déplacés, en obéissant à la loi de Richter.

Traitons successivement l'acide chlorhydrique, formé de
chlore et d'hydrogène, et l'eau, formée d'oxygène et d'hydrogène, par le métal sodium. Dans le premier cas,
l'hydrogène est déplacé totalement et on a une nouvelle
matière dont les molécules sont formées seulement de
chlore et de sodium. Car ce qui se passe sur l'ensemble du
composé se retrouve exactement sur chaque molécule;
çelle-ci jouit en effet de toutes les propriétés de cê composé,
c'en est une image réduite. Dans le second cas, l'hydrogène
n'est pas totalement déplacé, les molécules résultantes
contiennent de l'oxygène, du sodium et encore de l'hydrogène en quantité égale à celle qui a été déplacée. Cette
portion d'hydrogène restant peut s'enlever par d'autres
moyens, qui donnent des molécules formées d'oxygène et
de sodium seuls. Ainsi les deux matières primitives contiennent de l'hydrogène indivisible dans la molécule d'acide
chlorhydrique, et divisible en deux portions égales dans la
molécule d'eau. On peut donc dire qu'il y a un seul atome

d'hydrogène dans la première molécule et qu'il y en a deux dans la seconde. Des raisonnements analogues permettent de déterminer le nombre des atomes de chlore ou d'oxygène dans ces molécules, et en général dans toute molécule composée.

Cette détermination faite, on pourra exprimer que le poids de la molécule est égal à la somme des poids des atomes constituants ; ou encore, connaissant le poids de la molécule et celui des atomes qui y entrent sauf un, on pourra évaluer ce dernier. La détermination des poids atomiques et des poids moléculaires sont donc deux opérations solidaires l'une de l'autre.

23. Recherche des poids moléculaires par les densités gazeuses. — Étant admis que les corps ont une constitution moléculaire, on peut se proposer d'évaluer le nombre de molécules contenues dans un volume déterminé; le poids de ce volume sera donné par une pesée, et on aura le poids moléculaire de la substance par une simple division.

Il est impossible d'évaluer ce nombre de molécules, celles-ci échappant aux investigations physiques ; on ne connaîtra donc jamais le poids absolu d'une molécule. Mais on peut se contenter de mesurer ce poids en le comparant au poids d'une molécule type prise comme terme de comparaison ; pourvu que cette nouvelle unité de poids soit bien définie, le résultat sera aussi rigoureux que dans un système d'unités absolues. Cette opération donnera le même chiffre si on fait la comparaison, non plus entre deux molécules, mais entre deux nombres égaux de molécules, même si on ne connaît pas ces nombres. On est ainsi amené à réaliser des masses contenant le même nombre de molécules.

Sous les formes solide et liquide, une substance est mal

caractérisée au point de vue moléculaire : elle se dilate et se comprime suivant des lois complexes, variant même avec le temps, la température, l'état électrique. Les molécules sous ces deux états sont soumises en effet à des liaisons nombreuses, d'où la possibilité de plusieurs figures d'équilibre. Des corps solides ou liquides ne peuvent donc guère nous fournir de relations moléculaires.

Si on prend une substance gazeuse, on constate que son état physique est bien mieux défini : ses molécules sont libres, mobiles, délivrées de toute liaison. Pour une force élastique et une température données, les distances moyennes des molécules sont invariables, c'est-à-dire que la masse gazeuse a un volume fixe. Si on augmente cette force élastique par une pression extérieure, ces distances diminuent jusqu'à une autre valeur moyenne : le volume total de la masse gazeuse diminue. Or il y a une loi simple qui relie, chez tous les gaz, la variation de volume à la variation de pression correspondante, c'est la loi de Mariotte :

Les volumes d'une même masse gazeuse sont en raison inverse des pressions qu'elle supporte, à température invariable.

Les gaz sont par suite excessivement compressibles, c'est-à-dire que les distances de leurs molécules peuvent varier dans des proportions énormes relativement aux dimensions de ces molécules. Dans les conditions normales, elles sont donc très éloignées les unes des autres et ne s'influent pas réciproquement ; la loi précédente est indépendante de leurs masses, mais non de leur nombre. Si on suppose le même nombre de molécules gazeuses dans l'unité de volume pris à pression et à température déterminées, la loi de compressibilité sera la même quelle que soit la nature de molécules. Inversement, cette loi de compressibilité étant générale, on en déduit que tous les gaz, dans les mêmes conditions de température, de pression et de volume, renferment le même nombre de molécules.

Ce résultat très important a été énoncé par Avogadro, mais il a été établi par Ampère comme conséquence de la théorie moléculaire et des lois des combinaisons gazeuses. Ces lois étendent le fait des proportions définies aux volumes gazeux eux-mêmes : deux gaz se combinent toujours dans le même rapport de volumes pour donner lieu au même composé (20). Les masses suivant lesquelles les corps se combinent étant proportionnelles aux poids moléculaires de ces corps, il est naturel d'admettre que les poids relatifs des volumes de ces composants pris à l'état gazeux représentent les poids relatifs de leurs molécules.

L'acide chlorhydrique, par exemple, est formé par la combinaison de 1 volume de chlore avec 1 volume d'hydrogène ; ce rapport de volumes $\dfrac{1}{1}$ est invariable. D'autre part, la molécule de cet acide contient m atomes de chlore pesant a et n atomes d'hydrogène pesant b, unis dans le rapport de poids $\dfrac{ma}{nb}$. Il y a donc égalité entre ce rapport et le rapport des poids de 1 volume de chlore et de 1 volume d'hydrogène. Le nombre $\dfrac{m}{n}$ étant rationnel, on peut dire aussi qu'il y a proportionnalité entre les poids de volumes égaux de chlore et d'hydrogène et les poids des atomes de ces deux corps.

Le premier rapport est la densité du chlore rapportée à l'hydrogène ; les densités gazeuses des éléments sont donc proportionnelles à leurs poids atomiques, et aussi à leurs poids moléculaires.

Soit n le nombre de molécules contenues dans l'unité de volume d'un gaz pris dans des conditions déterminées de température et de pression et soit M le poids d'une des molécules, de sorte que le poids de l'unité de volume du gaz est nM : ce n'est autre chose que le poids spécifique absolu du gaz.

Pour un autre gaz pris dans les mêmes conditions de volume, de température et de pression, mais dont chaque molécule a un poids M′, le poids de l'unité de volume sera nM′, puisque le nombre de molécules est le même.

Le rapport entre ces deux poids sera la densité de l'un des gaz comparé au premier; par définition on a donc

$$D = \frac{nM'}{nM} = \frac{M'}{M}.$$

La densité sera ainsi le rapport entre les poids moléculaires des deux gaz. Or les densités gazeuses s'obtiennent par des opérations de physique bien connues (méthode de Regnault) et indépendantes de toute hypothèse. La formule donnant le poids moléculaire M′ d'une substance gazeuse en fonction du poids moléculaire M d'une autre substance gazeuse type, et de la densité du premier gaz par rapport au second, est donc

$$M' = M.D.$$

Elle est due à Ampère.

Pour des raisons exposées plus loin, on a choisi l'hydrogène comme gaz type, et on a pris son poids moléculaire égal à 2. La formule s'écrit alors

$$M' = 2D_H,$$

ce qui s'énonce : le poids moléculaire d'un gaz est égal au double de sa densité par rapport à l'hydrogène.

Ces poids sont donc évalués à l'aide d'une unité arbitraire, mais bien définie, c'est la moitié du poids de la molécule d'hydrogène, car on a posé $M = 2$, ou $2D_H = 2$, ou enfin $D = 1$ pour le gaz type.

Si on connaît la densité d'un gaz par rapport à l'air, on passe facilement à sa densité par rapport à l'hydrogène en multipliant la première par le facteur $\dfrac{1}{0,0695}$, ou $14,44$, en remarquant que $0,0695$ est la densité de l'hydrogène relativement à l'air. D'où

$$M' = 2 \times 14,44 \times D_A = D_A \times 28,88.$$

Cette détermination du poids moléculaire d'une substance est possible non seulement pour les gaz, mais pour les vapeurs ; la physique fournit des méthodes précises pour calculer leurs densités (procédés de Dumas, de Gay-Lussac, de Meyer, etc.). En les appliquant, on ne trouve pas toujours des nombres constants quelles que soient la pression et la température ; cela peut provenir de ce que la vapeur ne suit pas exactement la loi de Mariotte, ou encore que le changement d'état s'accompagne d'une décomposition partielle. On conçoit donc les précautions à prendre dans de telles opérations pour se mettre à l'abri des variations d'un poids moléculaire, et la nécessité de recourir à d'autres méthodes qui serviront de contrôle. En général il existe pour un gaz ou une vapeur donnés un intervalle de températures et de pressions, dans lequel les lois de compressibilité et de dilatation sont les mêmes pour tous, et donnant par suite une densité invariable. C'est dans cet intervalle que le gaz est dit à l'état parfait. Entre son volume V, sa température t et sa pression H existe la relation

$$\frac{VH}{1 + \alpha t} = \text{constante}, \quad \text{où } \alpha \text{ a la valeur } \frac{1}{273}.$$

Voici quelques résultats numériques fournis par ce procédé ; il faut remarquer qu'une densité n'étant pas une détermination très rigoureuse, on ne doit pas prétendre à une approximation supérieure à $\dfrac{1}{10}$ environ.

Poids moléculaire de l'oxygène..   32, celui de l'hydrogène étant 2
     —   du soufre. . .   64   —
     —   du chlore. . .   71   —
     —   de l'azote. . .   28   —
     —   de phosphore. 124   —
     —   de l'eau. . . .   18   —
     —   de l'acide chlorhydrique 36,5   —
     —   de l'anhydride sulfureux 64   —

24. Recherche des poids moléculaires par la cryoscopie. — Le procédé précédent est évidemment en défaut dans le cas d'une substance solide ou liquide qui se modifie par dédoublement ou polymérisation lorsqu'on veut la réduire en vapeur, ou encore qui ne se vaporise qu'à des températures inaccessibles à l'expérience. D'autre part, les poids moléculaires sont des nombres si fondamentaux qu'on doit chercher à en contrôler l'exactitude par les méthodes les plus diverses.

Après les densités de vapeurs, le procédé le plus important est certainement la cryoscopie, dont le principe est dû à M. Raoult ; elle est basée sur ce fait que tout corps, en se dissolvant dans un liquide capable de se solidifier, en abaisse le point de congélation. Cet abaissement, exprimable par un nombre de degrés centigrades, est d'autant plus grand que la solution est plus concentrée. Le dissolvant se solidifie seul d'abord, et la concentration augmente d'elle-même : le point de congélation s'abaisse constamment, et il tend vers une limite qui se rapportera à toutes les concentrations très grandes. Il convient donc, si on veut avoir des abaissements variables avec la concentration, de n'opérer que sur des solutions étendues, et par suite de se tenir à une distance assez grande de la température limite de congélation ; on sera à l'abri des perturbations que subit la loi du phénomène en ce point. Il y a analogie entre ce degré de concentration favorable et les limites de température et de pression entre lesquelles on doit se placer pour avoir une densité gazeuse constante. C'est là une des ressemblances déjà signalées entre l'état gazeux et l'état de dissolution. La loi du phénomène est la suivante :

LOI DE RAOULT : *L'abaissement du point de congélation d'une dissolution, obtenue lorsqu'on dissout dans un poids fixe du dissolvant un poids d'un corps égal à son poids moléculaire, est constant pour un même dissolvant, et quel que soit le corps dissous.*

Soit Δ l'abaissement en degrés centigrades, observé quand on dissout P grammes d'un corps dans un poids fixé du dissolvant. Le quotient $\dfrac{\Delta}{P}$ est dit le coefficient d'abaissement du liquide, ou abaissement pour le poids 1 du corps dissous. L'expérience montre qu'il est constant quel que soit P, c'est-à-dire qu'il y a proportionnalité entre l'abaissement observé et le poids du corps dissous. Mais ce rapport varie avec le dissolvant et aussi avec le corps dissous. Ainsi le sel marin dissous dans 100 grammes d'eau donne $\dfrac{\Delta}{P} = 0,587,$ mais rien de semblable ne s'observe, ni ne se trouve même pour un corps voisin, comme le chlorure de potassium dissous dans le même poids d'eau.

Si on dissout maintenant un poids égal à M grammes, M étant le poids moléculaire de la substance dissoute comme d'autre part, on a une autre constante M fois plus grande,

$$\frac{\Delta M}{P} = k,$$

qu'on appelle abaissement moléculaire de la substance dissoute. Cette fois, le nombre k ne varie qu'avec le dissolvant, mais non avec le corps dissous, de poids moléculaire M. Les vérifications de ce fait sont innombrables.

On voit d'ici la pratique de la méthode cryoscopique : le dissolvant étant choisi, on détermine son abaissement moléculaire k avec le plus grand nombre de corps solubles et de poids moléculaires connus ; d'où une moyenne valeur de k très exacte. On opère enfin avec le corps de poids moléculaire inconnu M, c'est-à-dire qu'on en dissout un poids P grammes. L'abaissement observé est Δ, d'où

$$M = \frac{k \cdot P}{\Delta} \cdot$$

La valeur ainsi obtenue est contrôlée avec d'autres dissolvants. Elle n'est jamais très approchée, mais elle suffit pour déterminer M, car l'analyse chimique de la substance, donnant seulement la composition centésimale, nous force à n'hésiter pour M qu'entre quelques valeurs multiples l'une de l'autre.

Il n'y a d'ailleurs pas à employer d'appareils spéciaux : un bon thermomètre et un agitateur mécanique empêchant la dissolution de rester en surfusion suffisent à la plupart des déterminations. Les meilleurs dissolvants sont ceux qui se congèlent normalement vers zéro, eau, benzine, acide acétique, etc. Il s'en trouve qui donnent deux valeurs de k doubles l'une de l'autre, et entre lesquelles le choix est facile ; la certitude grandit donc avec le nombre de dissolvants employés. La pratique montre d'autre part que les résultats sont excellents lorsque le corps dissous n'est pas électrolyte, c'est-à-dire ni acide, ni base, ni sel. L'eau prise à la quantité de 100 grammes donne $k = 19$, mais pour les électrolytes ce nombre varie tellement que la méthode est inapplicable ; l'acide acétique donne la valeur unique 39. La température changeant, on peut prendre comme dissolvant des corps solides ordinairement, la naphtaline, le soufre, et même des métaux et des alliages en fusion.

On arrive à des résultats intéressants et quelquefois curieux ; par exemple, la molécule d'iode n'a pas le même poids, quand on dissout ce corps dans la benzine, dans le chloroforme, dans l'alcool, etc. Cela explique la différence de coloration de ces diverses solutions iodées ; les valeurs obtenues sont toutes des multiples du nombre 127, donné par la densité de vapeur. Le sucre de canne a pour poids moléculaire 342, correspondant à la formule $C^{12}H^{22}O^{11}$; l'iodoforme 140, d'où la formule CHI^3 ; le chlorure ferrique 162,5, d'où la formule $FeCl^3$ et non Fe^2Cl^6 ; le permanganate de potassium 158, d'où la formule MnO^4K, etc. Ces exemples se rapportent à des composés fragiles, n'existant pas à l'état de vapeur, mais répondant cependant à des types chimiques importants.

25. Autres procédés pour les poids moléculaires. — Une méthode très analogue à la cryoscopie, et due encore à M. Raoult, a été basée sur la variation de la tension maxima de vapeur d'un liquide à une température déterminée, selon que ce liquide est pur ou qu'on y a dissous une substance de poids moléculaire M. Elle s'appelle la tonométrie. Si F est la tension maxima à $t°$ du dissolvant, F' celle de la dissolution, on a

$$\frac{F - F'}{FP} \times M = k'.$$

Ce nombre k' s'appelle diminution moléculaire de tension ; il présente les mêmes propriétés que k, et a les mêmes usages, quoique dans des limites bien plus restreintes.

Si dans un dissolvant transparent d'indice n on dissout des substances diverses, cet indice varie avec le poids moléculaire du corps dissous ; on a pu trouver une relation déterminant ce poids moléculaire.

Les dissolutions se font avec un certain nombre de calories mises en jeu ; il y a là encore des relations entre ces nombres et les poids moléculaires des corps dissous qu'on peut utiliser.

A part ces méthodes purement physiques, il en reste une dernière à signaler, et qui est de première importance, c'est la méthode chimique, dont on citera des applications plus loin (chap. IV, acides, bases, sels). Les formules des corps sont faites pour rappeler les réactions de ces corps, et elles ne doivent être que des réactions contractées. L'étude des réactions d'une substance permet donc souvent à elle seule, si cette substance est douée d'une activité chimique assez grande, de lui donner une formule sans hypothèse sur la matière ; on trouve d'ailleurs ainsi un accord entre les propriétés physiques et les propriétés chimiques d'une substance, qui plaide singulièrement en faveur de l'hypothèse atomique.

26. Poids atomiques. — Nous pouvons dès lors considérer les poids moléculaires du plus grand nombre des espèces chimiques comme bien connus ; nous allons en déduire l'autre système de nombres proportionnels dits poids atomiques.

La fixation d'un système de nombres proportionnels présente un triple arbitraire :

1° Choix d'un élément type comme terme de comparaison, dont on combinera une masse fixe avec tous les autres éléments ;

2° Choix d'une unité de masse ; ce sera cette masse fixe ou un de ses multiples ;

3° Choix de la combinaison, parmi toutes celles que donne l'élément type avec chaque élément, dont l'analyse donnera le nombre proportionnel choisi, à l'exclusion des multiples et sous-multiples de ce nombre.

On est généralement d'accord aujourd'hui pour prendre comme corps type l'hydrogène ; ce choix est motivé parce qu'il est le plus léger des gaz connus, et qu'il se combine à des poids des autres éléments supérieurs au sien. Mais il a l'inconvénient de ne pas donner de combinaisons bien définies avec tous les corps, en particulier avec les métaux ; inconvénient peu grave, car il est inutile de considérer les éléments dans leurs combinaisons hydrogénées. Ainsi on détermine par exemple le poids atomique de l'oxygène par analyse d'une de ses combinaisons hydrogénées. Ce poids d'oxygène combiné à tous les autres éléments donnera, en vertu de la loi de Richter, le même résultat. Si l'oxygène présente quelques cas difficiles, on part du chlore, ou de tout autre corps qui a une combinaison hydrogénée définie.

Le poids de la molécule d'hydrogène a été choisi égal à 2. Cela revient à prendre comme unité de poids le poids de l'unité de volume d'hydrogène pris dans les conditions normales, puisque pour ce corps on a la formule d'Ampère

$$M = 2D_H = 2, \quad \text{d'où} \quad D_H = 1.$$

C'est une unité bien définie et à l'abri de toute variation ; on conserve cette unité pour les poids atomiques.

Le dernier point arbitraire est fixé par la théorie atomique ; on a déterminé les poids moléculaires des composés hydrogénés suivants :

Acide chlorhydrique = 36,5, eau = 18,

Gaz ammoniac 17, gaz des marais = 16.

L'atome d'hydrogène correspondra à la plus petite quantité de ce corps qui est contenue dans les molécules précédentes (ou dans toute autre molécule hydrogénée). Or ces poids sont 1, 2, 3, 4. On dira donc qu'il y a un atome d'hydrogène dans la molécule d'acide chlorhydrique, deux dans celle de l'eau, trois dans celle du gaz ammoniac, et quatre dans celle du gaz des marais. C'est donc 1 qui doit être pris comme poids de l'atome d'hydrogène : c'est la plus petite masse d'hydrogène qui, peut figurer dans une molécule ; c'est la masse indivisible par tous nos moyens physiques et chimiques.

La molécule d'hydrogène pesant deux unités est donc formée de deux atomes : c'est pour éviter une valeur fractionnaire au poids atomique de ce gaz qu'on avait arbitrairement fixé ce poids moléculaire égal à 2. Autrement dit, si on appelle 1 le volume occupé par l'atome d'hydrogène, la molécule du même corps occupera 2 volumes dans les mêmes conditions.

La considération de tous les composés oxygénés de poids moléculaires connus nous permet de fixer de la même façon la plus petite quantité d'oxygène qui puisse exister dans une molécule. On arrive ainsi au nombre 16. Ce nombre est le poids atomique de l'oxygène, tandis que 32 est son poids moléculaire.

Tous les éléments qui présentent des combinaisons à poids moléculaires connus peuvent être traités de même ; il n'est même pas besoin de connaître le poids moléculaire du corps simple. Le carbone est dans ce cas : son poids atomique est égal à 12, tiré de la considération d'un nombre infini de composés volatils ou cryoscopiques, tels que :

Oxyde de carbone.	$M = 28$, proportion de carbone	12
Anhydride carbonique . .	$M = 44$ —	12
Gaz des marais.	$M = 16$ —	12
Éthylène.	$M = 28$ —	24
Acétylène	$M = 26$ —	24
Benzine	$M = 78$ —	72
etc.		

Mais le poids moléculaire du carbone est encore inconnu, ce corps n'étant ni volatil, ni cryoscopique, ni comparable à d'autres éléments de poids moléculaire connu.

Tous les poids atomiques sont aujourd'hui fixés, sauf de rares exceptions que nous citerons ailleurs. Le tableau en est donné plus haut (p. 39).

27. Formules moléculaires. — Le poids de la molécule étant égal à la somme des poids des atomes qui la constituent, les nombres obtenus comme poids atomiques sont bien les poids suivant lesquels les éléments se combinent, ou des sous-multiples de ces poids. On peut représenter la composition d'un corps par sa formule chimique, en appliquant la loi de Lavoisier à la molécule : cette formule sera dite moléculaire. Ainsi l'acide chlorhydrique, dont la molécule contient un atome d'hydrogène et un atome de chlore, a pour formule moléculaire HCl, et on a bien comme somme le poids moléculaire ; on écrit

$$HCl = 36,5.$$

De même, la molécule d'eau contenant deux atomes d'hydrogène et un d'oxygène, se formule

$$H^2O = 18.$$

Ces formules correspondent donc à la composition et à la grandeur de la molécule ; elles renferment entre autres les lois de Gay-Lussac, chaque atome correspondant à 1 volume gazeux et chaque molécule à 2 volumes ; en effet, d'après la formule d'Ampère,

$$M = 2D_H,$$

la densité gazeuse d'un corps est la moitié de son poids moléculaire $\dfrac{M}{2}$; on peut par la simple inspection d'une formule moléculaire dire les proportions suivant lesquelles entre chaque gaz constituant. Le gaz ammoniac

$$AzH^3 = 17 = 2D_H$$

est formé de 1 vol. d'azote combiné à 3 vol. d'hydrogène, condensés en 2 volumes ; sa densité relativement à l'hydrogène est $\dfrac{17}{2} = 8,5$. Si on veut passer à la densité par rapport à l'air, on n'a qu'à multiplier D_H par 0,0695. Les densités ainsi calculées sont les densités théoriques, elles se rapportent à l'état gazeux parfait, et la substance peut quelquefois ne pas exister sous cet état ; la cryoscopie peut avoir fourni seule son poids moléculaire. La généralisation de ce qui précède a conduit par exemple à dire que le carbone gazeux existait dans ses combinaisons volatiles, et qu'il y avait une densité par rapport à l'hydrogène égale à 12 ; dès lors les composés CO et CO^2 sont soumis à la loi de Gay-Lussac, de même que les composés hydrogénés volatils de cet élément.

Le calcul des densités théoriques, basé sur l'emploi de la formule

$$M = 2 \times D_H,$$

peut conduire à des résultats contraires à la réalité, et faire croire à un argument contre la théorie atomique et sa conséquence spéciale relativement aux gaz. En réalité, il suffit d'interpréter exactement les phénomènes pour concilier la théorie et l'expérience. Prenons par exemple le sel ammoniac, dont la formule moléculaire donnée par des raisons d'ordre chimique et par les méthodes physiques est AzH^4Cl; ce pourrait être $(AzH^4Cl)^n$, mais jamais elle ne correspondra à un poids moléculaire moindre que $14 + 4 + 35,5 = 53,5$ puisqu'elle contient Az qui ne peut y figurer pour moins d'un atome. La densité théorique est $D_H = \dfrac{53,5}{2} = 26,75$ ou un multiple. Or la vapeur de ce corps très volatil a une densité variable, mais tendant vers la moitié du nombre précédent. Ainsi le poids moléculaire du sel ammoniac calculé d'après cette densité expérimentale ne correspondrait qu'à $\dfrac{53,5}{2}$, et sa formule serait $\dfrac{1}{2} AzH^4Cl$; on serait conduit à une quantité d'azote moitié de son poids atomique. La notion d'atome ne serait pas absolue.

Or on remarque que dans la vapeur de sel ammoniac, les deux composants AzH^3 et HCl sont combinés en partie seulement, et d'autant moins que la température est plus élevée, comme l'indiquent l'absence de contraction du composé, l'effet calorifique nul et la séparation possible des composants par un filtre, si on opère la combinaison à haute température. On n'a donc pas de molécules AzH^4Cl, mais des molécules AzH^3 et HCl libres, dont le volume est naturellement double de celui qu'occupaient les molécules AzH^4Cl. La densité du mélange se substitue donc à celle de la vapeur du composé, elle est moitié de ce qu'elle devrait être :

$$AzH^4Cl = 2 \text{ vol.}, \quad D_H = \frac{AzH^4Cl}{2} = \frac{53,5}{2};$$

$$AzH^3 + HCl = 4 \text{ vol.}, \quad D'_H = \frac{17 + 36,5}{4} = \frac{53,5}{4}.$$

Plusieurs composés ont présenté le même cas, et ont entraîné la même vérification. Tels sont l'acide sulfurique, dont la vapeur se dédouble selon la formule

$$SO^4H^2 = SO^3 + H^2O\,;$$

le perchlorure de phosphore, qui en vapeur donne

$$PCl^5 = PCl^3 + Cl^2\,;$$

l'anhydride sulfurique,

$$SO^3 = SO^2 + O,$$

et la plupart des combinaisons ammoniacales. Ce mode de décomposition, appelé dissociation, est étudié plus loin, au chapitre VI.

28. Atomicité des éléments. — La plupart des éléments dont on a pu déterminer le poids moléculaire nous présentent des molécules formées par l'union de deux atomes ; tels sont le chlore, l'oxygène, l'azote, dont les formules moléculaires sont Cl^2, O^2, Az^2.

Leur poids moléculaire est le double de leur poids atomique ; une molécule semblable montre bien la différence qui existe entre elle, masse indivisible physiquement, et l'atome, masse qui se déplace dans les réactions chimiques pour s'unir soit à elle-même soit à d'autres atomes et former des molécules libres. L'atome n'est donc jamais libre.

On trouve certaines autres molécules simples, principalement chez les métaux, tels que le zinc, le mercure, etc., corps volatils, pour lesquels le poids moléculaire est égal au poids atomique ; les formules moléculaires de ces éléments sont donc

$$Zn,\ Hg,\ \ldots$$

Enfin d'autres corps simples, plus rares, ont un poids atomique égal au quart de leur poids moléculaire ; ce sont le phosphore et l'arsenic, de formules

$$P^4, As^4.$$

La valeur du coefficient que l'on donne au symbole atomique pour représenter la molécule libre des éléments est appelée *atomicité* de la molécule. On ne trouve guère que ces valeurs 1, 2, 4 ; et il est probable que ce n'est pas une valeur invariable pour chaque corps. L'iode à haute température a une densité qui diminue de moitié, c'est-à-dire que sa molécule devient I au lieu de I^2 ; le soufre à 440° a pour formule S^6 et à 1000° seulement S^2. Il faut remarquer que les poids moléculaires sont toujours le double de la densité D_H ; celle-ci varie donc. Par extension, on appelle atomicité d'une molécule composée le nombre des atomes qui la composent : la molécule d'eau H^2O est triatomique, celle de l'acide sulfurique SO^4H^2 heptatomique, etc.

29. Calcul de la valeur numérique des poids atomiques.

— La détermination des poids moléculaires ne donne jamais qu'une valeur approchée à une unité près environ ; les poids atomiques, qui s'en déduisent par l'analyse de corps ayant un poids moléculaire connu, ne sont donc pas déterminés avec plus d'approximation.

On peut arriver à des résultats bien plus rigoureux dès que la formule moléculaire est fixée et définie par nos méthodes : les poids atomiques seront donnés par des pesées, c'est-à-dire par une des opérations les plus exactes de la physique. L'analyse et la synthèse donneront donc autant de rigueur qu'on voudra à la connaissance de ces nombres.

L'hydrogène restant toujours le terme de comparaison, on prendra $H = 1$ *a priori*. Soit alors à déterminer le poids atomique de l'oxygène ; on sait que ce sera le poids de ce corps qui se combine à 2 unités de poids d'hydrogène, puisque nous avons établi que la formule moléculaire de l'eau est H^2O. L'analyse et la synthèse ont été faites pour l'eau, d'abord par Lavoisier, puis par Gay-Lussac, par Dumas, par M. Leduc, etc. La synthèse surtout, qui consiste à faire passer de l'hydrogène pur sur de l'oxyde de cuivre chaud, source d'oxygène, et à recueillir l'eau produite, donne des résultats remarquables.

L'expérience a montré que $112^{gr},52$ d'eau contiennent 100^{gr} d'oxygène et $12^{gr},52$ d'hydrogène ; par suite

$$\frac{H^2}{O} = \frac{12,52}{100},$$

d'où l'on conclut, en posant $H^2 = 2$, le poids atomique de l'oxygène

$$O = \frac{100 \times 2}{12,52} = 15,88.$$

Tel est le résultat obtenu le plus récemment. Il montre que 16 est un nombre un peu trop fort pour l'oxygène ; et que si on a fait d'autres déterminations de poids atomiques en combinant les éléments à l'oxygène et en prenant $O = 16$, ces déterminations devront être abaissées dans le rapport $\dfrac{15,88}{16}$.

Dans la pratique des analyses et du calcul des réactions, on se contente des valeurs entières déjà données (p. 39).

Le corps dont le poids atomique est le plus important à connaître est celui du carbone : toutes les analyses organiques l'emploient. Il a été déterminé en faisant la synthèse de l'anhydride carbonique dont la formule moléculaire est établie ainsi : CO^2 ; le poids atomique du carbone est donc le poids de ce corps qui se combine à deux atomes ou $2 \times 15,88$ unités de poids d'oxygène. Lavoisier, puis Dumas et Stas, ont trouvé ainsi

$$C = 11,91 ;$$

la valeur entière que l'on prend couramment est 12.

CHAPITRE IV

PROPRIÉTÉS DES POIDS ATOMIQUES

---

30. Loi des chaleurs spécifiques. — Parmi les poids atomiques trouvés précédemment, si on prend ceux qui appartiennent à des éléments solides ou à des liquides solidifiables facilement, et si on fait le produit de ces nombres par les chaleurs spécifiques à l'état solide correspondantes, on trouve un résultat très voisin de 6,4 unités.

Ainsi on a, en choisissant les poids atomiques les plus différents :

Phosphore. . . P $= 31$ $p \times c = 31 \times 0,189 = 5,9$
Soufre. . . . . S $= 32$ $p \times c = 32 \times 0,177 = 5,8$
Aluminium . . Al $= 27$ $p \times c = 27 \times 0,239 = 6,4$
Antimoine. . . Sb $= 120$ $p \times c = 120 \times 0,052 = 6,4$
Mercure . . . . Hg $= 200$ $p \times c = 200 \times 0,031 = 6,4$
Bismuth. . . . Bi $= 207,5$ $p \times c = 207,5 \times 0,030 = 6,3$
Iode. . . . . . I $= 127$ $p \times c = 127 \times 0,054 = 6,8$

On constate que, dans cette liste, les poids atomiques varient de 27 à 207 tandis que les produits pc n'oscillent qu'entre 5,8 et 6,8. De plus, ce sont les corps dits métalloïdes (Chap. V), c'est-à-dire présentant des états physiques variés et mal définis, qui s'écartent le plus de la moyenne du produit $pc = 6,4$, tels que le phosphore, le soufre, le silicium, l'iode. On doit donc admettre là une véritable loi physique, quelquefois masquée par des phénomènes étrangers. Elle a été énoncée dès 1819 par Dulong et Petit de cette façon :

LOI DE DULONG ET PETIT : *Le produit du poids atomique d'un élément par sa chaleur spécifique à l'état solide est constant.*

Si cette loi s'applique à tous les éléments, comme il est légitime de le croire, on voit que la chaleur spécifique de l'hydrogène à l'état solide sera égale à 6,4 ; la vérification n'a pu encore être faite. Sachant que la chaleur spécifique est le nombre de calories nécessaires pour élever la température d'un gramme d'un corps de 0° à 1° C, on peut énoncer la loi précédente en disant que les atomes de tous les corps simples ont besoin du même nombre de calories pour s'échauffer de 0° à 1° C. C'est pour cela que le produit 6,4 a été désigné sous le nom de chaleur atomique.

On peut enfin écrire cette loi sous la forme

$$p = \frac{6,4}{c}$$

et dire que le poids atomique est en raison inverse de la chaleur spécifique solide de l'élément, ou réciproquement ; on peut donc se servir de la loi de Dulong et Petit comme d'un critérium sur la valeur adoptée comme poids atomique.

Avant l'application de la méthode cryoscopique, on ne pouvait déterminer directement les poids atomiques de certains métaux, tels que le potassium, le sodium et l'argent, car ils ne sont pas volatils et ne donnent aucune combinaison volatile. On déterminait donc un de leurs nombres proportionnels, par exemple le poids de chacun qui se combinait à 16gr d'oxygène, et on choisissait parmi les multiples ou les sous-multiples de ce nombre proportionnel, celui dont le produit par la chaleur spécifique du métal donnait le nombre voisin de 6,4 : c'était le poids atomique du corps. Ces valeurs coïncident parfaitement avec celles données par les méthodes appliquées plus tard.

Même chose s'est produite pour l'aluminium, métal qui ne forme qu'un oxyde et pas de composés volatils stables. On est tenté de supposer cet oxyde formé par l'union d'un atome de métal et d'un atome d'oxygène, par raison de simplicité. Ceci donnerait pour poids atomique $Al = 18$; or dans ce cas pc serait seulement $\frac{2}{3} \times 6,4$. On est donc conduit à prendre $Al = 27$, le produit pc prenant la valeur 6,4. Ce choix donne à l'oxyde la formule Al^2O^3, et est confirmé par un grand nombre d'autres méthodes.

Il n'y aura pas à chercher, dans l'application de ce critérium, une rigueur de résultat très grande : elle ne doit viser qu'à lever l'indétermination qui peut régner sur plusieurs nombres multiples l'un de l'autre. Une chaleur spécifique est un nombre trop mal connu ; l'élévation de température d'un corps est accompagnée de trop de changements moléculaires pour qu'on puisse en dégager l'effet d'un seul élément, la chaleur spécifique. C'est dans l'influence des changements moléculaires que se trouve l'explication de l'écart de la loi qu'on constate dans le carbone. A température ordinaire, on a pour ce corps

$$C = 12, \quad p \times c = 12 \times 0,24 = 2,8.$$

Or c'est le charbon qui présente le plus d'aspects différents. Si, comme le fit Weber, on opère à haute température, auquel cas il n'existe plus qu'une espèce de carbone stable, le carbone amorphe, on constate que ce produit pc tend vers une limite fixe. Vers 900°, on a déjà $c = 0,459$, d'où $pc = 5,51$. Ce corps rentre dans le cas général.

On admet l'indestructibilité de l'atome dans les réactions : il est naturel de penser que la chaleur spécifique, aussi bien que le poids de l'atome, se conserve dans les composés. Si on appelle M le poids moléculaire d'un composé formé de n atomes pesant p, de n' atomes pesant p', etc. ; si C, c, c', ... sont les chaleurs spécifiques correspondantes, on a évidemment

$$\text{M} = np + n'\,p' + \ldots$$
$$\text{MC} = npc + n'p'c' + \ldots$$

Or pour chaque atome $\quad pc = 6{,}4, \quad p'c' = 6{,}4, \ldots$; donc

$$\text{MC} = 6{,}4\,(n + n' + \ldots).$$

Relation remarquable, indiquant que le produit du poids moléculaire d'un corps par sa chaleur spécifique solide est égale au nombre 6,4 multiplié par l'atomicité de la molécule ; elle est connue sous le nom de loi de Wœstyn. Elle se prête à des vérifications faciles et remarquables, dont beaucoup sont dues à Regnault.

Elle peut servir à calculer une des chaleurs spécifiques C, c, c', ... en fonction des autres termes.

Si M est une molécule composée, on a $\quad n + n' + \ldots$ égale au moins à 2 ; par suite le produit MC est au moins égal à 12,8. On peut tirer de là une sorte de vérification de la simplicité d'un élément : la plus petite portion d'un corps qui figure et se déplace dans les réactions étant multipliée par sa chaleur spécifique, si ce produit est voisin de 6,4, on peut dire qu'on a affaire à un corps simple, au même titre que ceux qui sont regardés partout comme tels. Si au contraire on trouve un produit multiple de 6,4, on se trouve en présence d'un corps composé.

Par exemple, Regnault, en appliquant la loi à une substance appelée urane, trouva un produit voisin de $\quad 3 \times 6{,}4$;

il en conclut que cette portion de matière figurant dans les réactions comme indivisible ne devait pas être un élément, ainsi que le croyaient les chimistes de son temps. Plus tard on établit en effet que c'était un composé formé d'un atome d'un nouveau corps, l'uranium, avec deux atomes d'oxygène, d'où sa formule $Ur\,O^2$.

31. Loi de l'isomorphisme. — La plupart des corps dont s'occupe la chimie cristallisent en prenant la forme solide (Chap. 1) ; de plus une espèce chimique, placée dans des conditions identiques, prend toujours la même forme cristalline ; cette forme peut donc être regardée comme caractérisant la substance au même titre que ses autres constantes physiques.

On appelle corps isomorphes ceux qui non seulement cristallisent dans la même forme, mais qui sont susceptibles d'exister ensemble, en proportion quelconque, dans le même cristal. Ainsi les chlorures de potassium et de sodium sont isomorphes, ils peuvent exister dans le même cristal cubique ; mais ils ne sont pas isomorphes avec le phosphore blanc, qui cependant prend une forme cubique identique.

La ressemblance des formes extérieures des corps résulte certainement de la similitude des structures moléculaires ; car si on considère un cristal qui grandit dans une dissolution, il provient de la juxtaposition de plusieurs molécules suivant des directions dépendant de la nature des forces moléculaires. Que le cristal soit gros ou petit, sa figure reste la même ; le cristal infiniment petit n'est formé que d'une seule molécule, image la plus réduite du corps. Si un cristal contient des matières différentes, comme dans le cas des corps isomorphes, sans varier de forme, il y a bien grande ressemblance dans ces molécules. Les formules moléculaires ayant la prétention de représenter les molécules, on en déduit que les molécules isomorphes doivent avoir des formules analogues et en particulier même atomicité.

Ces conclusions théoriques ont été vérifiées bien des fois ; par exemple, les anhydrides arsénieux et antimonieux sont isodimorphes, ils cristallisent ensemble dans les deux formes, octaèdre régulier et prisme orthorhombique ; leurs formules moléculaires

$$As^4O^6, \quad Sb^4O^6$$

ne diffèrent que par le changement de As en Sb ; ces deux éléments jouent ici le même rôle. Les chlorures ferrique et chromique sont aussi isomorphes ; leurs formules

$$Fe\,Cl^3, \quad Cr\,Cl^3$$

nous montrent qu'ici, comme presque partout, les deux métaux fer et chrome sont doués de propriétés voisines. La loi d'isomorphisme a été énoncée par Mitscherlich.

Loi de Mitscherlich : *Des corps isomorphes ont des constitutions chimiques analogues.*

On a pu appliquer cette loi à la détermination de certains poids atomiques, comme celui de l'aluminium. Ce métal n'est pas volatil ; ses composés volatils se décomposent à l'état de vapeur aussi bien que dans les dissolvants, ce qui empêche l'application des grandes méthodes de poids moléculaires. Or il a son chlorure isomorphe des chlorures ferrique $FeCl^3$ et chromique $Cr\,Cl^3$; on a donc adopté pour sa formule moléculaire $AlCl^3$, ce qui définit l'aluminium, par simple analyse, comme métal de poids atomique 27 et non 18, ce poids étant celui qui se combine à 16 d'oxygène dans l'oxyde unique. Cet oxyde devient Al^2O^3 et non AlO ;

il y a toujours le rapport des poids des composants $\dfrac{18}{16}$ ou

$\dfrac{2 \times 27}{3 \times 16}$. Cette formule est justifiée en remarquant encore

l'isomorphisme de l'oxyde Al^2O^3 avec l'oxyde Fe^2O^3, et

surtout celui de l'alun ordinaire,

$$SO^4K^2 + (SO^4)Al^2 + 24H^2O,$$

avec une série de corps, dits aussi aluns, ayant une formule
déduite de la précédente en remplaçant Al^2 par Fe^2 ou
Cr^2. Enfin $Al = 27$ obéit à la loi des chaleurs spécifiques.

La série des métaux dits alcalino-terreux, baryum, strontium, calcium, nous présente des corps fort mal connus à
l'état libre, n'ayant pas de combinaisons volatiles. Ces combinaisons sont isomorphes entre elles d'une part, et avec
celles du zinc, du magnésium et du fer d'autre part. Ainsi
le spath d'Islande est isomorphe de la dolomie CO^3Mg, de
la sidérose CO^3Fe, et comme c'est un carbonate de calcium,
on devra le formuler CO^3Ca. Par des analyses chimiques,
on obtient le poids atomique du calcium, et de même
celui des deux autres métaux, baryum et strontium.

Les éléments eux-mêmes présentent des cas remarquables
d'isomorphisme, tels que le phosphore rouge, l'arsenic et
l'antimoine ; leurs molécules sont tétratomiques, leurs
propriétés sont voisines. Aussi leurs formules moléculaires
se ressemblent : P^4, As^4, Sb^4.

32. Loi périodique.— Les poids atomiques sont des grandeurs qui caractérisent chaque élément quel que soit l'état
physique sous lequel on le prend, solide, liquide ou
gazeux ; ce qui leur donne une marque de généralité plus
grande que pour la plupart des constantes physiques, telles

que les densités, les indices de réfraction, les conductibilités spécifiques, etc., qui varient beaucoup avec les causes extérieures et avec l'état physique. Il n'y a donc rien d'étonnant à ce que l'on ait cherché à déduire les principaux caractères des éléments de la connaissance de leurs poids atomiques.

Il n'en est pas de même des poids moléculaires, qu'on détermine toujours dans des conditions spéciales, à l'état gazeux ou dissous ; ils doivent varier avec l'état physique : ce ne sont que des groupements atomiques variables. Ainsi on a constaté que la molécule d'iode, dont la formule est I^2 vers 400°, se dédouble à 1000° et devient monoatomique I, car la densité de la vapeur d'iode tend vers une valeur moitié de sa valeur prise à 400° ; en même temps elle se décolore (Meyer). La vapeur de soufre est formée de molécules hexatomiques S^6 à 600°, elle est alors très fortement colorée en orange ; à 1000° elle n'est que diatomique S^2 (Troost). Inversement, si on détermine les poids moléculaires du soufre par cryoscopie dans la benzine, on trouve qu'il correspond à la formule S^8 ; elle contient 8 atomes (Biltz).

Les premières remarques faites sur les poids atomiques sont dues à Dumas ; les exemples les plus simples qu'il cite sont :

1° Le cas du soufre et de l'oxygène, corps ayant de nombreuses analogies chimiques, et ayant des poids atomiques doubles l'un de l'autre ; au point de vue physique, leurs densités solides, liquides et gazeuses sont dans ce même rapport : la densité de l'oxygène solide est voisine de 1, celle du soufre voisine de 2 ; $O = 16$, $S = 32$;

2° Le cas du nickel et du cobalt, encore plus voisins que les deux précédents, et qui ont des poids atomiques identiques à 0,1 près, $Ni = Co = 59$;

3° Les corps isomorphes, ou pouvant former un groupe naturel, ont des poids atomiques donnés par des formules telles que $a + nd$, dans laquelle a et d ont des valeurs fixes, n étant successivement $1, 2, 3, \ldots$ La famille de l'oxygène s'obtient en prenant $a = 16$, $d = 16$:

$$p = 16 + n.16;$$

celle des métaux alcalins, $a = 7$, $d = 16$,

$$p = 7 + n.16.$$

celle des métaux alcalino-terreux, $a = 12$, $n = 16$,

$$p = 12 + n.16.$$

Dans certains groupes, la formule comporte un nouveau terme et prend la forme

$$p = a + nd + n'd'.$$

4° Il existe un grand nombre de groupes de trois éléments voisins, pour lesquels le terme à poids atomique moyen participe des propriétés des deux autres et leur sert de trait d'union. Tel est le brome par rapport au chlore et à l'iode ; on a

$$Br = \frac{Cl + I}{2}, \quad \text{ou} \quad 80 = \frac{35,5 + 127}{2}$$

Ces relations ne sont pas suffisamment générales cependant, et souvent elles existent entre des corps très différents ; par exemple :

$$Az = 14, \quad Si = 28$$

n'ont nulle ressemblance. Il faut donc se placer à un point de vue plus général. Ce n'est que récemment que le chimiste russe Mendéléef a énoncé une loi dite loi périodique :

LOI DE MENDÉLÉEF : *Les propriétés des corps simples varient avec leurs poids atomiques suivant une fonction périodique.*

Écrivons les éléments en les rangeant suivant les poids atomiques croissants ; on remarque qu'à partir du huitième (l'hydrogène mis à part), on retombe sur un corps analogue au premier, et qu'on recommence une série à propriétés identiques. La période type est donc formée ainsi :

$$Li = 7, \quad Gl = 9, \quad Bo = 11, \quad C = 12, \quad Az = 14,$$
$$O = 16, \quad Fl = 19.$$

La deuxième série sera de même

$$Na = 23, \quad Mg = 24, \quad Al = 27, \quad Si = 28, \quad P = 31,$$
$$S = 32, \quad Cl = 35,5.$$

En s'arrêtant à ces deux séries, on peut constater que les densités solides croissent d'abord jusqu'au milieu pour décroître ensuite ; ainsi dans la deuxième

$$0,97, \quad 1,74, \quad 2,56, \quad 2,49, \quad 2,3, \quad 2,04, \quad 1,38.$$

De même pour les principales constantes physiques. Les composés oxygénés les plus importants de cette deuxième série ont, par exemple, cette variation dans les proportions d'oxygène :

$$Na^2O, \quad Mg^2O^2, \quad Al^2O^3, \quad Si^2O^4, \quad P^2O^5, \quad S^2O^6, \quad Cl^2O^7.$$

Écrivons encore les composés chlorés de la première série

$$LiCl, \quad GlCl^2, \quad BCl^3, \quad CCl^4, \quad AzCl^3, \quad OCl^2, \quad Fl(?).$$

On retrouve le sens de variation constaté d'abord sur les densités solides ; et on peut multiplier ces vérifications, qui ont été faites surtout par Lothar Meyer.

Au point de vue pratique, cette loi a permis de prévoir l'existence de certains termes qui manquaient dans le tableau, et de corriger certaines valeurs mal déterminées de poids atomiques. Le gallium et le germanium avaient été entrevus avant leur découverte, ainsi que leurs propriétés essentielles. Le poids atomique du tellure a été abaissé de 128 à 126 après de nouvelles recherches provoquées par cette loi.

L'ensemble des éléments rangés par périodes s'appelle tableau de Mendéléef. On le trouve plus loin (page 188).

33. Valences des atomes ; radicaux.— Les formules moléculaires des combinaisons nous montrent bien des atomes semblables ou différents liés entre eux par la force d'affinité ; mais elles ne permettent pas de prévoir l'arrangement intime des atomes dans la molécule. Cet arrangement a cependant de l'importance puisqu'il existe des corps de même poids moléculaire, formés des mêmes atomes, et doués de propriétés différentes : ce sont les corps *isomères*.

Deux éléments étant donnés, il peut y avoir beaucoup de combinaisons différentes, ces corps s'associant suivant des nombres liés seulement par la loi de Dalton : il y a toujours un nombre entier de chaque espèce d'atomes. On a remarqué que ce nombre de composés possibles était d'autant plus petit que les deux corps avaient plus d'affinité : le chlore et l'hydrogène ne donnent qu'une combinaison excessivement stable ; tandis que le chlore et l'oxygène en donnent au moins quatre, toutes instables. Il semble que les atomes ayant peu d'affinité s'allient entre eux suivant des modes presque indifférents et par suite nombreux.

Si l'on prend une molécule composée et qu'on fasse réagir sur elle la série des corps simples, il arrive souvent qu'on peut déplacer un atome de la molécule par un atome de l'élément libre tout en conservant la grandeur de la molécule, son atomicité, et souvent même quelques-unes de ses propriétés essentielles. On dit que l'atome libre s'est substitué à l'atome combiné, et que ces deux éléments ont même valence dans la molécule considérée. Cela signifie que dans la molécule, la structure première subsiste même après déplacement d'un élément par l'autre, et que les deux atomes s'équivalent au point de vue de l'équilibre de la molécule.

De telles réactions sont très nombreuses et sont dites réactions de substitution ; ainsi le chlore se substitue à l'hydrogène dans le gaz des marais, même en plusieurs proportions :

$$CH^4 + Cl = CH^3Cl + HCl,$$
$$CH^4 + 2Cl = CH^2Cl^2 + 2HCl,$$
$$CH^4 + 3Cl^2 = CHCl^3 + 3HCl,$$
$$CH^4 + 4Cl^2 = CCl^4 + 4HCl.$$

Les composés résultants conservent la même allure que le gaz des marais dans la plupart de leurs réactions : le chlore et l'hydrogène ont même valence dans ces composés.

Par opposition, on appelle réactions d'addition celles où la molécule ne fait que fixer l'élément libre sans rien perdre ; la structure moléculaire change, la nouvelle molécule entraîne de nouvelles propriétés ; cela arrive pour l'éthylène et le chlore

$$C^2H^4 + Cl^2 = C^2H^4Cl^2.$$

Dans les réactions de substitution, le groupe invariable des atomes de la molécule s'appelle radical. On lui attribue par extension une valence identique à celle des atomes qui s'y ajoutent pour exprimer simplement que ce radical, qui n'a pas d'existence réelle, se complète par un atome de valence égale à celle qu'on lui attribue, et forme alors une molécule libre.

Ainsi, dans la première réaction du gaz des marais, le

chlore a la valence 1 par rapport à l'hydrogène, et il en est de même du radical CH^3.

Prenons encore la molécule SH^2 d'hydrogène sulfuré ; on obtient facilement les molécules SHK et SK^2 par substitution du métal potassium à l'hydrogène atome par atome ; ce potassium a donc la valence 1 par rapport à l'hydrogène. Le radical est ici un atome de soufre S : on dit qu'il a la valence 2 ou qu'il est bivalent par rapport à l'hydrogène ou au potassium. Mais on peut déplacer ce soufre, et laisser le radical H^2 ; on a ainsi

$$OH^2, \qquad SeH^2, \qquad TeH^2,$$

molécules qui indiquent la bivalence des atomes O, Se, Te.

L'acide sulfurique SO^4H^2 nous donne par le même procédé les dérivés

$$SO^4HK, \qquad SO^4K^2, \qquad SO^4Zn, \qquad SO^4Cu, \dots$$

vérifiant que K est monovalent, que Zn, Cu, ... sont bivalents ; enfin que le radical SO^4 est aussi bivalent.

Une molécule quelconque étant donnée, on peut toujours la partager par la pensée en deux groupes d'atomes ou radicaux qui ont même valence. La considération de ces radicaux est souvent utile dans les réactions.

On prend d'habitude les valences par rapport à l'hydrogène, ce qui n'implique pas qu'il faille considérer des combinaisons hydrogénées de tous les éléments ; on a vu pour le potassium qu'il suffit d'un intermédiaire de valence connue.

Chaque élément a ainsi plusieurs valences, sauf le chlore et les corps voisins, de sorte que la notion de valence semble perdre de son importance.

Si l'on remarque que les composés stables de deux éléments sont peu nombreux, on admettra pour valence principale celle que chaque élément manifeste dans sa combinaison la plus stable : l'oxygène sera bivalent, car dans l'eau H^2O seulement on retrouve ces conditions de stabilité, et non monovalent, car dans le bioxyde d'hydrogène H^2O^2, on a une grande instabilité et transformation lente en H^2O et oxygène libre. C'est surtout dans les réactions de substitution que se montrent les valences principales ; on peut donc prévoir d'avance la formule moléculaire du corps qui prend naissance.

Les corps formés d'éléments ayant leurs valences principales satisfaites dans la molécule sont dits saturés : cela signifie qu'ils ne peuvent pas donner de réactions d'addition, sauf de très instables. Ainsi HCl est une molécule saturée ; il n'existe ni HCl^2 ni H^2Cl.

La valence d'un élément peut varier, avons-nous dit ; on doit ajouter qu'elle ne varie que d'un nombre pair, 2 ou 4. Celles qui sont paires le restent, celles qui sont impaires aussi. On ne connaît qu'une exception, celle de l'azote : trivalent dans le gaz ammoniac AzH^3, quintivalent dans le sel ammoniac AzH^4Cl, il est bivalent dans le bioxyde d'azote, AzO, corps d'ailleurs peu stable, non saturé, et qui se transforme rapidement en d'autres en présence des réactifs.

Dans le tableau de Mendéléef, on constate dans chaque série d'éléments une variation de la valence principale, qui prend les valeurs successives   1, 2, 3, 4, 3, 2, 1.

On exprime souvent la valence par des accents :

$$\text{Li}', \text{Gl}', \text{Bo}''', \text{C}'''', \text{Az}''', \text{O}'', \text{Fl}'.$$

En somme, la valence n'est pas une propriété intrinsèque de l'atome, qui l'accompagne partout comme son poids ; c'est une propriété relative, qui dépend surtout des circonstances chimiques. Elle permet de prévoir un grand nombre de réactions.

34. Formules de constitution. — Si on veut exprimer par une formule que les valences des éléments constituant une molécule sont satisfaites, on se sert de traits en nombre égal à celui des valences échangées. Ainsi pour l'acide chlorhydrique, l'eau, l'ammoniaque et le gaz des marais, on écrira

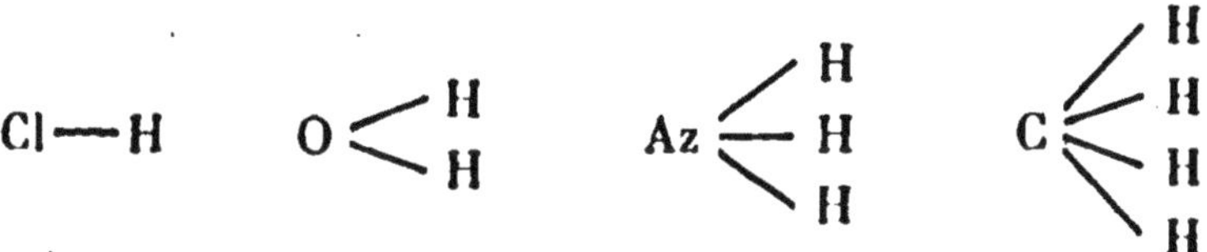

sans rien préjuger sur la position relative des atomes. De telles formules sont dites de constitution, par rapport aux formules ordinaires ou brutes :

$$Cl\,H, \quad OH^2, \quad AzH^3, \quad CH^4.$$

Les réactions de substitution montrent bien que la molécule a conservé son aspect, sa grandeur ; exemple :

L'eau présente un radical monovalent important ; on peut écrire sa formule $H-(OH)$ et c'est OH le radical qu'on appelle oxhydryle. Il reste intact dans la plupart des réactions de substitution de l'eau :

$$Cl-(OH), \quad K-(OH), \quad Ca=(OH)^2.$$

En particulier, il peut lui-même se substituer à Cl :

$$Cl-H, \qquad Cl-OH,$$
$$AzO^2-Cl, \qquad AzO^2-OH,$$
$$P\equiv Cl^3, \qquad P\equiv(OH)^3.$$

Sa présence imprime sur les composés précédents une

allure spéciale, une fonction chimique particulière sur laquelle nous reviendrons.

Dans les molécules simples et diatomiques ou polyatomiques, il faut supposer les atomes liés de la même façon :

$$H - H, \quad Cl - Cl, \quad O = O, \quad S = S, \quad Az \equiv Az.$$

Cette liaison entre atomes de même espèce se rencontre particulièrement pour le carbone dans les molécules complexes. Ainsi le composé C^2H^6 a toutes les allures d'un composé saturé ; cependant le carbone étant tétravalent, cette saturation n'apparaît pas de suite sur la formule. On la met en évidence en écrivant

$$H{>}C - C{<}H \ ;$$

les deux atomes C échangent une valence. Dans l'acétylène C^2H^2, on peut de même écrire

$$H - C \equiv C - H \ ;$$

les deux carbones sont reliés par trois valences ; on pourra modifier cette liaison et la transformer en une liaison simple à l'aide d'une réaction d'addition telle que

$$C^2H^2 + Cl^4 = C^2H^2Cl^4.$$

La chimie organique présente beaucoup de cas d'isomérie qui seraient inexplicables sans formules de constitution. Soit le carbure appelé propane C^3H^8. Sa formule développée indiquant les valences saturées du carbone sera

$$H^3 \equiv C - C - C \equiv H^3, \quad \text{ou} \quad H^3C - CH^2 - CH^3.$$

Si on réalise une substitution avec le chlore, on peut placer l'atome Cl à une extrémité,

$$CH^2C - CH^2 - CH^3, \quad \text{ou} \quad H^3C - CH^2 - CH^2Cl,$$

ce qui n'offre aucune différence d'aspect ; mais si Cl prend la place d'un H du groupe CH^2 :

$$\ldots - CHCl - CH^3,$$

il y a évidemment différence de structure, malgré l'identité des deux formules brutes C^3H^7Cl. Cette différence de structure correspond à une différence profonde de propriétés des deux propanes monochlorés isomères.

La position d'un atome dans une molécule peut servir à expliquer la variation de ses propriétés ; lorsque l'oxygène est lié à l'hydrogène pour former le radical oxhydryle, il ne joue pas le même rôle dans les réactions que lorsqu'il est lié à un autre élément. Considérons l'acide orthophosphorique PO^4H^3. Ce corps provient de la substitution de OH à Cl dans l'oxychlorure de phosphore $POCl^3$

$$POCl^3 + 3H^2O = PO^4H^3 + 3HCl.$$

L'autre atome d'oxygène n'a pas la même origine ; il fait partie du radical PO trivalent, qui se retrouve dans les dérivés de l'acide ; c'est pour marquer cette différence qu'on écrit

$$PO(OH)^3,$$

ou

$$(PO) \diagdown\!\!\!\!\begin{array}{l} OH \\ OH \\ OH \end{array}$$

On fait la même remarque dans tous les acides oxygénés ; ils contiennent un radical formé d'un élément et d'oxygène, qui satisfait ses valences par les oxhydryles nécessaires, pouvant au besoin se remplacer par autant d'atomes de chlore :

Acide sulfurique SO^4H^2, ou $SO^2(OH)^2$ ou $SO^2 \diagdown \genfrac{}{}{0pt}{}{OH}{OH}$

Acide azotique AzO^3H, ou $AzO^2(OH)$

Chlorures d'acides $SO^2 \diagdown \genfrac{}{}{0pt}{}{Cl}{Cl}$, $AzO^2 - Cl$.

Le nombre de ces oxhydryles nous servira à mesurer la basicité des acides. Parmi les caractères des acides, l'un des principaux est de pouvoir échanger leur hydrogène contre un métal, en observant la règle des valences, et former ainsi des sels. Or on constate que, pour les acides oxygénés, l'hydrogène remplaçable doit appartenir à un oxhydryle ; il peut y avoir d'autres atomes d'hydrogène dans la molécule, ils ne sont pas remplaçables. L'acide phosphoreux PO^3H^3 n'étant que bibasique, s'écrira :

$$(PO) \diagdown \genfrac{}{}{0pt}{}{H}{(OH)^2} \cdot$$

L'acide hypophosphoreux monobasique PO^2H^3 est de même

$$(PO) \diagdown \genfrac{}{}{0pt}{}{H}{OH} \cdot$$

Cette distinction fait sentir son importance dans les acides organiques surtout.

Les formules de constitution nous permettent donc d'exprimer par des tableaux schématiques ce que nous savons sur le rôle des divers atomes qui concourent à la formation d'une molécule ; ces tableaux pourront nous servir à prévoir certaines propriétés nouvelles, qui devront être vérifiées par l'expérience. Mais dans aucun cas on ne doit les considérer comme une représentation exacte de la structure moléculaire des corps. Ce serait aller plus loin que l'expérience,

ce serait une hypothèse pure. Il n'y a d'ailleurs qu'à remarquer que nos formules de constitution sont planes, tandis
que les molécules ont évidemment les trois dimensions,
pour se convaincre que ce sont de simples tableaux. Des
formules à trois dimensions ont pu être proposées avec
avantage dans plusieurs cas, et se sont montrées plus
fécondes que les formules planes ; leur emploi constitue la
stéréochimie.

CHAPITRE V

FONCTIONS CHIMIQUES FONDAMENTALES

35. Fonction chimique.— Le nombre des espèces chimiques est à peu près illimité ; chaque jour la nature ou la synthèse nous en montrent de nouvelles, de sorte que l'étude de la chimie ne serait jamais qu'ébauchée si on se contentait d'en passer en revue un certain nombre choisi d'après des raisons quelconques et souvent non suffisantes. On prendrait par exemple les éléments, leurs combinaisons deux à deux ou composés binaires, et tout au plus leurs combinaisons trois à trois ou composés ternaires ; ce serait une longue tâche ; on ne constituerait pas une science ainsi, malgré le nombre de faits acquis.

On a donc agi comme dans l'observation des phénomènes physiques, qui ont été groupés d'après leurs ressemblances et leurs différences, d'où la possibilité d'énoncer un nombre restreint de lois générales. On a été conduit à rapprocher les corps qui présentent les mêmes propriétés fondamentales et qui ne diffèrent que par des caractères secondaires ; on les a astreints ainsi à des règles communes ; leur étude a été simplifiée et généralisée.

On désigne sous le nom de *fonction chimique* la propriété ou le faisceau de propriétés communes caractéri-

sant tout un groupe de substances à l'exclusion des autres
corps.

Le groupement des corps suivant leurs fonctions chimiques est aussi délicat et aussi peu absolu que la division des
êtres vivants en classes ou tribus dans une classification
naturelle. Ainsi l'échelle de ces êtres permet de saisir une
transition lente et insensible entre deux groupes très différents ; mais le type moyen de chacun de ces deux groupes
présente cependant des caractères spéciaux qui ne permettent pas de le placer dans l'un ou dans l'autre indifféremment.

En chimie, ce fait se présentera dans toute sa force, ce
qui n'empêchera pas l'utilité d'une classification des corps.
L'important sera de bien choisir le caractère dominant de
tel ou tel groupe et il faudra le fixer dans tous ses détails
par l'étude complète de l'espèce moyenne du groupe.

**36. Eléments ou corps simples ; leur division en métal-
loïdes et métaux.** — Les éléments ou corps simples, au
nombre d'environ 75, jouissent tous, par définition même,
d'une propriété nette et commune qui est de se montrer
irréductibles en d'autres substances plus simples ; ils possèdent donc une même fonction chimique, la fonction corps
simple.

Deux corps simples, tels que le chlore et le platine, diffèrent cependant énormément dans la plupart de leurs
propriétés ; on ne peut les placer indifféremment sur une
même liste ; on aura avantage à faire des subdivisions, en
mettant en évidence des fonctions plus particulières.

C'est ainsi que depuis Lavoisier on a l'habitude de divi-
ser les éléments en métaux et en corps non métalliques ou
métalloïdes, division que nous maintiendrons, et nous

montrerons son caractère peu absolu à l'égard de certains termes ; ce sont justement ces termes qui ménagent la transition insensible entre les corps extrêmes des deux groupes tels que le platine (métal) et le chlore (métalloïde). Cette division ne peut être précisée que plus loin ; mais comme elle est utile pour simplifier le langage, nous dirons tout de suite que les métalloïdes sont, au point de vue physique, des corps généralement gazeux (oxygène, azote, chlore), ou liquides volatils (brome), ou solides très fusibles (soufre, phosphore), sauf de rares exceptions (carbone), conduisant mal la chaleur et l'électricité, dénués d'éclat, dépourvus de malléabilité et de ductilité.

. Au contraire, les métaux sont des solides peu fusibles et surtout peu volatils (fer, platine, cuivre), sauf quelques-uns, comme le mercure qui est liquide ; très bons conducteurs de la chaleur et de l'électricité, malléables, ductiles, tenaces, etc., et doués d'un éclat très vif qu'on appelle éclat métallique.

On ne voit pas dans ces caractères une fonction chimique spéciale à chaque groupe ; c'est dans leurs réactions réciproques que cette fonction peut être montrée, autrement dit par l'étude des corps composés.

37. Composés minéraux, composés organiques.— Les corps composés ont été divisés aussi en deux grands groupes, un peu artificiels, qu'on définit ainsi :

Les composés organiques sont constitués par du carbone et de l'hydrogène, auxquels peuvent se joindre successivement tous les autres éléments ; ils ont une allure toute spéciale dans les réactions, due à la présence du carbone, et beaucoup d'entre eux se trouvent dans la matière vivante, c'est-à-dire organisée, ou en dérivent.

Les composés minéraux comprennent par exclusion tous les autres corps, et se trouvent généralement dans le monde minéral ou en dérivent ; ce sont ces composés qui présentent les réactions les plus nettes et c'est parmi eux qu'on choisit les types des fonctions chimiques fondamentales. La chimie minérale doit donc précéder dans l'étude la chimie organique ; elle va du simple au composé et opère par synthèse plutôt que par analyse.

38. Acides, bases, sels, corps neutres. — On admet en chimie minérale quatre séries de composés distincts, dans lesquelles on a pu ranger à peu près tous les corps de cette partie de la chimie. Ce sont les acides, les bases, les sels et les corps neutres.

Les acides sont des corps doués d'affinités énergiques, et qu'on a désignés de tout temps ainsi en raison de leur ressemblance avec le vinaigre, en latin *acetum* ; ils sont en général liquides, incolores, quelquefois solides ou gazeux, solubles dans l'eau, d'une saveur particulière et aigrelette, et conduisant le courant électrique d'une façon spéciale, car ils se décomposent en même temps en hydrogène apparaissant à l'électrode négative ou cathode, et en produits variables constituant le radical de l'acide, à l'électrode négative ou anode.

Les plus connus sont, outre le vinaigre ou acide acétique :

L'acide nitrique, ou azotique, ou eau forte, AzO^3H ;

L'acide sulfurique ou huile de vitriol, SO^4H^2 ;

L'acide chlorhydrique ou muriatique, ClH ;

L'acide carbonique, CO^3H^2, etc.

On les reconnaît facilement par leur action spéciale sur certaines couleurs, telles que la teinture de tournesol, l'héliantine : la première, qui est bleue en dissolution dans l'eau, rougit par l'addition d'un acide ; la seconde, qui est jaune dans l'eau, devient rouge violet par un acide.

Tous ces corps jouissent de la fonction acide ; ce sont des composés hydrogénés.

Parallèlement à ce groupe de corps s'en trouve un autre aussi important, composé d'espèces chimiques ayant des affinités aussi énergiques, mais opposées et pour ainsi dire antagonistes. Ce sont les bases ou alcalis, désignés ainsi à cause de leur représentant principal, la potasse ou alcali caustique.

Les plus connus sont :

La potasse ou alcali caustique, KOH ;

La soude, $NaOH$;

L'ammoniaque ou alcali volatil, AzH^4OH ;

La chaux ou alcali fixe, CaO^2H^2, etc.

Ce sont en général des corps solides solubles dans l'eau, doués d'une saveur spéciale, brûlante et caustique, conduisant le courant électrique en se décomposant comme les acides, mais en donnant toujours un métal à la cathode et des produits complexes à l'anode.

On les reconnaît vulgairement par leur action sur les mêmes teintures que les acides : mis en présence du tournesol déjà rougi par un acide, ils le ramènent au bleu ; en présence de l'héliantine violette, ils la virent au jaune clair.

Ces corps jouissent de la fonction base ; ce sont des composés métalliques.

Enfin la troisième fonction chimique fondamentale se trouve dans les composés analogues au sel marin. Ce sont des corps solides solubles dans l'eau à divers degrés, ayant une saveur salée plus ou moins prononcée, cristallisant facilement, conduisant toujours l'électricité lorsqu'ils sont liquifiés ou dissous, avec décomposition en produits spéciaux sur les électrodes : un métal à la cathode et un métalloïde ou un radical d'acide à l'anode ; enfin les réactions sur les teintures sont généralement absentes.

Les principaux sont :

le sel marin, $NaCl$;

le sel ammoniac, AzH^4Cl ;

le sulfate de soude, SO^4Na^2 ;

le sulfate de zinc, SO^4Zn, etc.

Tous les composés minéraux qui ne peuvent pas se ranger dans l'un des groupes précédents sont dits neutres.

39. Caractères des acides. — Ces trois fonctions chimiques définies ainsi par des caractères physiques ne permettraient pas de grouper parfaitement tous les composés. Il sera nécessaire d'étudier les réactions chimiques d'un terme de chaque série ; on recherchera ensuite si ces réactions se retrouvent en nombre plus ou moins grand dans d'autres corps ; il sera possible alors de le placer dans l'un des trois groupes.

Les acides que nous avons nommés, et qui ont servi à créer et à définir tout le groupe, sont seulement les premiers termes de la série ; un grand nombre d'autres se présentent, ayant les mêmes caractères avec plus ou moins de netteté. Déjà pour l'acide carbonique, qui est le principe de l'eau de Seltz, on constate bien qu'il est acide au goût, mais l'action sur le tournesol est très atténuée : on n'observe qu'un rouge vineux. L'acide borique n'a plus de saveur aigrelette, et son action sur le tournesol est encore plus vague que celle de l'acide carbonique. La distinction par les caractères physiques peut donc n'être pas facilement employée. Le tournesol a cependant permis de grouper les acides en acides forts, qui le rougissent fortement (pelure d'oignon), et en acides faibles, qui lui donnent un rouge vineux peu appréciable.

Les acides exercent leur énergie principalement sur les métaux, leurs oxydes, les bases, les sels et les alcools. Examinons les produits de ces diverses réactions avec un acide spécial bien défini, l'acide sulfurique SO^4H^2.

Faisons-le agir sur le métal zinc : on constate de suite et à froid un dégagement d'hydrogène, tandis que le métal semble se dissoudre ; la liqueur restant après que le zinc a disparu est encore incolore et si on l'évapore, elle donne un produit solide identique au sel que nous avons appelé sulfate de zinc ou vitriol blanc.

Cette réaction se retrouve pour les autres acides connus. On dira donc d'une façon générale que tout acide, agissant sur un métal dans des conditions convenables, donne un sel où entre le métal, de l'hydrogène se dégageant.

Pour le cas du zinc et de l'acide sulfurique, on peut écrire la réaction

$$Zn + SO^4H^2 = H^2 + SO^4Zn.$$

Si de même on fait agir l'acide sulfurique sur l'oxyde de zinc ou blanc de zinc, de formule ZnO, on n'observe plus de dégagement gazeux ; l'oxyde solide se dissout, de l'eau se forme ainsi qu'on le constate en évaporant, tandis que le sel précédent reste encore comme résidu. La réaction se formule

$$ZnO + SO^4H^2 = H^2O + SO^4Zn.$$

C'est un autre effet général qui se retrouve dans tous les acides.

Prenons enfin la base dans laquelle figure le zinc, et qui est l'hydrate de zinc, ZnO^2H^2. On observe encore la dissolution apparente sans effervescence de la base dans l'acide, mais pour le même poids d'acide il se forme deux fois plus d'eau ; le même sel se dépose ; ce sel, repris par l'eau, est neutre au tournesol :

$$ZnO^2H^2 + SO^4H^2 = 2H^2O + SO^4Zn.$$

Cette troisième réaction peut s'énoncer : quand un acide agit sur une base dans des proportions convenables, les propriétés physiques de l'acide et de la base sont neutralisées, et il se forme un sel avec élimination d'eau.

Cette propriété, qui appartient aux trois fonctions chimiques, peut même servir à la définition de l'une ou l'autre de ces fonctions, par exemple à celle des sels.

Ajoutons que sur les métalloïdes, les acides n'ont pas d'action en général, ou des actions toutes particulières. Sur les sels, les actions sont importantes et ne peuvent s'établir que plus loin ; sur les alcools, les acides agissent à peu près comme sur une base avec élimination d'eau ; les réactions ont une allure spéciale, le temps étant ici un facteur important. Le produit s'appelle un éther et ne rappelle que de loin un sel. Néanmoins cette réaction peut servir pour caractériser un acide.

40. Hydrogène basique. — En écrivant les trois réactions des acides sur les métaux, les oxydes et les bases, il est facile de constater que la formule du sel obtenu dérive de celle de l'acide par substitution du symbole du métal à H, en observant la règle des valences. Autrement dit, ce sont des réactions de substitution. Ainsi on a avec les métaux argent Ag', zinc Zn", or Au''', les sels suivants :

$$\text{acide } AzO^3H, \quad \text{sel } AzO^3Ag ;$$
$$- \quad SO^4H^2, \quad - \quad SO^4Zn ;$$
$$- \quad ClH, \quad - \quad Cl^3Au.$$

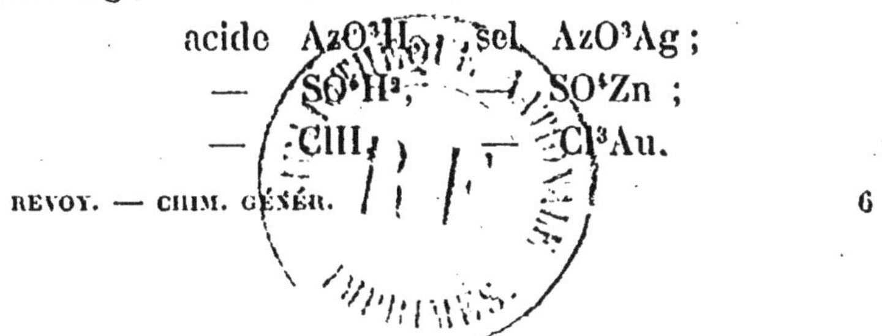

Cet hydrogène de l'acide, que nous trouvons toujours parmi les éléments constituants, et qui a la propriété d'être déplacé par un métal, s'appelle *hydrogène basique*. Le nombre d'atomes d'hydrogène basique mesure la basicité de l'acide ; il y a des acides monobasiques, bibasiques, etc.

Un acide se présente maintenant à nous comme un composé hydrogéné dans lequel un certain nombre d'atomes d'hydrogène sont susceptibles d'être remplacés par un métal pour donner un sel.

41. Métalloïdes et métaux. — Le résidu qu'on obtient quand on enlève l'hydrogène basique dans la formule d'un acide s'appelle le radical de l'acide. Il est simple ou composé.

Si ce radical est un corps simple, on l'appelle par définition un *métalloïde* : tel est le chlore, radical de l'acide chlorhydrique HCl ; le soufre, radical de l'acide sulfhydrique H^2S, etc.

L'acide prend alors le nom d'hydracide.

Quand le radical de l'acide n'est pas un corps simple, c'est dans la plus grande majorité des cas un groupe oxygéné ; l'acide est dit oxygéné. Les éléments associés à l'oxygène sont encore des métalloïdes, souvent moins bien caractérisés que dans le premier cas ; ils peuvent présenter certains côtés métalliques.

Dans les radicaux oxygénés, le caractère acide se dessine d'autant mieux qu'il y a plus d'oxygène ; cet élément imprime si bien le caractère acide à la molécule dans laquelle il s'accumule en présence d'hydrogène basique, que certains métaux peuvent figurer dans le radical acide, tels que le chrome dans l'acide chromique CrO^4H^2 et le manganèse dans l'acide permanganique MnO^4K. Le chlore et quelques autres métalloïdes agissent de même ; ainsi on connaît l'acide chloroplatinique $PtCl^6H$.

Les *métaux* se définiront : tout élément capable de se substituer à l'hydrogène basique d'un acide pour donner un sel.

Cette règle étant facile à appliquer, avec un acide nettement défini, on peut très exactement décider si un élément est métal ; ce sera aussi un moyen indirect de décider si un corps est métalloïde. D'ailleurs l'électrolyse des acides et des sels nous fournit le meilleur. moyen pratique ; la polarité électrique de l'hydrogène et des métaux les porte toujours à la cathode ; en se mettant à l'abri des réactions secondaires, on constate facilement leur présence et leur nature.

Les métalloïdes, rangés par ordre de valence et par poids atomiques croissants, sont :

Monovalents :   Fl, Cl, Br, I ;
Bivalents :   O, S, Se, Te ;
Tri-quintivalents : Az, P, As ;
Tétravalents :   C, Si ;
Trivalent :   Bo.

Les principaux métaux, rangés dans le même ordre, sont :

Monovalents : Li, Na, K, Ag ;
Bivalents :   Mg, Ca, Sr, Ba, Zn, Cd, Mn, Cr, Fe, Ni, Co ;
    Id.   Ur, Tu, Mo, Cu, Hg, Pb, Sn ;
Trivalents :   Sb, Bi, Au, Al ;
Tétravalents : Pt, Ir, Os, Rh, Ru, Pd.

42. Nomenclature des acides.— Un métalloïde ne forme en général qu'un hydracide ; on rappelle sa constitution dans son nom en faisant suivre le mot acide d'un qualificatif obtenu avec le nom du métalloïde et la terminaison *hydrique* : acide chlorhydrique, ClH.

Les acides oxygénés, plus nombreux, présentent divers cas :

1° Si un métalloïde ne forme qu'un acide, on forme son qualificatif en ajoutant *ique* au nom du métalloïde ; ainsi pour le carbone, on a un seul acide oxygéné, l'acide carbonique ;

2° Si le métalloïde forme deux acides oxygénés, le qualificatif se terminera en *eux* par l'acide le moins oxygéné, et en *ique* pour le plus oxygéné. C'est le cas de l'arsenic :

$$\text{Acide arsénieux,} \quad AsO^3H^3,$$
$$\text{Acide arsénique,} \quad AsO^4H^3 ;$$

3° Si un métalloïde forme plus de deux acides oxygénés, on complète la distinction à l'aide des préfixes *hypo* et *per ;* cela suffit généralement.

Par exemple, le soufre donne :

$$\text{L'acide hyposulfureux,} \quad S^2O^3H^2,$$
$$\text{— sulfureux,} \quad SO^3H^2,$$
$$\text{— hyposulfurique,} \quad S^2O^6H^2,$$
$$\text{— sulfurique,} \quad SO^4H^2,$$
$$\text{— persulfurique,} \quad SO^4H.$$

Pour les acides non oxygénés complexes, on se sert des mêmes terminaisons précédées du nom des métalloïdes formant le radical :

$$\text{Acide chloroplatinique,} \quad PtCl^6H^2,$$
$$\text{— sulfocarbonique,} \quad CS^3H^2,$$
$$\text{— fluosilicique,} \quad SiFl^6H^2.$$

43. Nomenclature des sels. — Elle dérive immédiatement de celle des acides.

1° Les sels d'hydracides se désignent en changeant la terminaison *hydrique* en *ure*, et faisant suivre du nom du métal :

$$ChlorUre de zinc, ZnCl^2.$$

Quelquefois on change *hydrique* en *hydrate* ; c'est une forme ancienne :

AzH^4Cl, chlorhydrate d'ammoniaque,

Na^2S,   sulfhydrate de sodium ;

2° Les sels d'acides oxygénés ou les autres acides complexes changent simplement *eux* en *ite* et *ique* en *ate* ; on fait suivre du nom du métal :

Sulfate de potassium,	SO^4K^2,
Sulfite de zinc,	SO^3Zn,
Hyposulfite de sodium,	$S^2O^3Na^2$,
Persulfate d'ammonium,	SO^4AzH^4.

44. Acides monobasiques. — Les acides qui n'ont qu'un atome d'hydrogène basique dans leur formule moléculaire sont dits monobasiques ; tels sont les acides chlorhydrique ClH et azotique AzO^3H. Si on supprime cet atome d'hydrogène, le radical restant est celui qui se dégage à l'anode dans l'électrolyse. Quelle est la nature de ce radical ?

En premier lieu, c'est un métalloïde dans les hydracides suivants :

$$FH, ClH, BrH, IH ;$$

puis un radical oxygéné où figure encore un métalloïde :

$$AzO^3H, AzO^2H, ClO^3H, IO^3H, ClOH, BrOH ;$$

quelquefois l'oxygène est uni à un métal :

$$MnO^4H.$$

Le radical peut comprendre encore un ou plusieur

atomes d'hydrogène non basiques :

$$\text{Acide hypophosphoreux,} \quad PO^2H^2 — H ;$$

ou enfin le radical comprend des métalloïdes quelconques :

$$\text{Acide prussique,} \quad CAz — H.$$

La chimie organique offre des radicaux plus complexes, citons simplement les plus connus :

$$\text{Acide formique,} \quad CHO^2 — H ;$$
$$\text{Acide acétique,} \quad C^2H^3O^2 — H.$$

Les sels correspondants sont faciles à formuler. Si le métal est monovalent, l'hydrogène est remplacé atome par atome :

$$ClK, \quad AzO^3Ag, \quad PO^2H^2Na.$$

Avec les métaux bivalents, la formule se complique, car le métal doit être substitué à deux atomes d'hydrogène. Il faut donc prendre deux molécules d'acide, qui participeront à la formation d'une seule molécule de sel et on a la formule de réaction

$$2HCl + Zn = ZnCl^2 + H^2.$$
$$2AzO^3H + Pb = (AzO^3)^2Pb + H^2,$$

Pour les métaux tri et tétravalents, on a, par un mécanisme analogue,

$$\text{avec } 3HCl, \quad AuCl^3 ;$$
$$\text{avec } 4HCl, \quad PtCl^4.$$

Les sels de métaux monovalents sont importants pour fixer la formule moléculaire des acides : ainsi l'acide chlorique ClO^3H est mal connu, tandis que le chlorate ClO^3K est facile à préparer et à analyser. On ne connaît que ce chlorate de potassium, la formule ne peut être que ClO^3K ou un multiple. Or les procédés cryoscopiques fixent ce multiple égal à 1. Il suffit donc de substituer l'hydrogène à K dans cette formule pour avoir celle de l'acide. Un grand

nombre de formules sont établies ainsi ; les acides monobasiques se résument dans la formule

$$R' - H,$$

R' étant un radical monovalent quelconque.

45. Acides bibasiques. — Leur formule moléculaire contient deux atomes d'hydrogène basique et peut se représenter par le symbole

$$R'' - H^2.$$

Le radical bivalent R'' peut être comme plus haut simple
ou complexe. Il est simple et métalloïdique dans les acides

$$SH^2, \quad SeH^2, \quad TeH^2 ;$$

il n'est pas oxygéné dans quelques cas :

$$SiFl^6H^2, \quad PtCl^6H^2,$$

mais dans les acides les plus importants de la chimie, il est
oxygéné avec métalloïde :

$$SO^3H^2, \quad SO^4H^2, \quad CO^3H^2, \quad SiO^3H^2,$$

ou avec métal :

$$Cr\,O^3H^2, \quad MnO^4H^2.$$

Il y a enfin des radicaux contenant encore des hydrogènes non basiques ; cela se rencontre surtout en chimie
organique :

$$PO^3H = H^2 \text{ (acide phosphoreux)},$$
$$C^4H^4O^6 = H^2 \text{ (acide tartrique)}.$$

Voyons comment un métal monovalent se conduit
envers ces acides pour donner des sels ; soit le métal
sodium Na' ; il a deux modes de substitution, soit totale,
soit partielle :

$$SO^4NaH, \quad SO^4Na^2.$$

Or ces deux sels existent, et on les obtient par exemple

en combinant à une molécule d'acide une, puis deux molécules de base soude :

$$SO^4H^2 + NaOH = H^2O + SO^4HNa,$$
$$SO^4H^2 + 2NaOH = 2H^2O + SO^4Na^2.$$

On a donc deux sulfates ; le premier est dit sulfate acide de sodium et le second sulfate neutre de sodium ; le sulfate acide est en effet représentant des deux fonctions sel et acide, possédant encore un hydrogène basique. C'est un premier exemple de composé à fonction mixte. Si on fait agir une nouvelle molécule de soude sur le sulfate acide, on a le sulfate neutre comme si on avait affaire à un acide monobasique :

$$SO^4HNa + NaOH = H^2O + SO^4Na^2.$$

Si on prend une molécule de base potasse et le sulfate acide, on forme un sel avec deux métaux et un seul radical :

$$SO^4HNa + KOH = H^2O + SO^4KNa.$$

Ces réactions avec métaux monovalents sont très importantes pour fixer le poids moléculaire de l'acide. L'acide sulfureux SO^3H^2 est inconnu, on déduit sa formule de celle de ses sels de potassium ; de même pour CO^3H^2, acide carbonique.

Si on fait réagir les métaux bivalents, on n'a qu'une seule espèce de sels, car il n'y a qu'une substitution possible ; avec Zn ou Ca, on a :

$$SO^4Zn, \qquad CO^3Ca ;$$

le sel peut être qualifié de neutre.

Les métaux trivalents compliquent la formule moléculaire du sel ; on doit avoir un nombre d'atomes d'hydrogène basique multiple de 3, il faut tripler la formule de l'acide : $(SO^4)^3H^6$, d'où les sels neutres des métaux trivalents Al, Cr :

$$(SO^4)^3Al^2, \qquad (SO^4)^3Cr^2.$$

Il semble que la substitution $(SO^4)^3AlH^3$ soit possible : en fait, on ne connaît pas ce genre de sel acide.

46. Acides tribasiques. — Ils sont peu nombreux en chimie minérale, et il n'en existe pas à radical simple ; les plus importants sont les acides phosphorique et arsénique :

$$PO^4H^3, \qquad AsO^4H^3.$$

Avec un métal monovalent, on aura trois genres de substitutions possibles ; les trois sels suivants existent avec le métal monovalent sodium :

$$PO^4H^2Na, \qquad PO^4HNa^2, \qquad PO^4Na^3 ;$$

la molécule est à fonction mixte dans les deux premiers. On les nomme phosphate monosodique, phosphate disodique, phosphate trisodique ou neutre. Il peut évidemment y avoir plusieurs métaux différents dans le même sel :

$$PO^4K^2Na, \qquad PO^4KNa^2.$$

Avec les métaux bivalents, il y a lieu de doubler d'abord la formule de l'acide pour avoir un nombre d'hydrogènes basiques multiple de 2 : $(PO^4)^2H^6$, d'où trois sels possibles avec le métal calcium :

$$(PO^4)^2H^4Ca, \qquad (PO^4)^2H^2Ca^2, \qquad (PO^4)^2Ca^3.$$

On les désigne, comme plus haut, par phosphate mono, bi et tricalcique ; il y a les mêmes complications provenant de la présence de plusieurs métaux dans la molécule. Le sel bicalcique peut avoir une formule plus simple PO^4HCa, il est acide monobasique ; en effet, on peut obtenir un sel mixte avec un métal monovalent, tel que l'ammonium (AzH^4) ; un sel est très connu sous le nom de phosphate ammoniaco-magnésien :

$$PO^4Mg(AzH^4).$$

Enfin les métaux trivalents donnent un seul sel, tel que PO^4Bi.

47. Acides polybasiques. — Pour les acides de basicité supérieure à 3, on n'a guère à citer que l'acide pyrophosphorique $P^2O^7H^4$, dont les sels seront faciles à écrire avec les divers métaux. Mais c'est surtout dans le cas des sels naturels appelés silicates qu'on est amené à considérer des acides siliciques de basicité supérieure. Ces acides sont inconnus à l'état libre, et on admet leurs formules en passant du sel à l'acide.

48. Mesure de la basicité d'un acide. — Il est important, pour l'étude des sels, de reconnaître la basicité d'un acide ; or cela est facile si on en connaît le poids moléculaire ; en faisant agir sur ce corps un métal ou une base bien caractérisés, en quantité égale au poids moléculaire de la base pour une molécule de l'acide, puis une quantité double, triple, de la base, on obtient un ou plusieurs sels qu'on analyse. Si par exemple il ne se produit qu'un sel de potassium, l'acide est monobasique ; son radical s'obtient en retranchant un seul H de sa formule moléculaire. S'il y a deux sels de potassium seulement, l'analyse doit montrer que les quantités de métal qu'ils contiennent sont doubles l'une de l'autre ; l'acide est bibasique, et son radical se tire de sa formule moléculaire par soustraction de H^2. C'est ainsi qu'on peut constater l'existence de radicaux hydrogénés, comme dans l'acide hypophosphoreux $POH^2(OH)$. De même pour les autres acides.

Mais si on ne connaît pas le poids moléculaire de l'acide, il faut s'adresser uniquement à l'étude de ses sels alcalins ;

nous avons déjà cité l'acide chlorique. La méthode a permis d'écrire de suite la formule de plusieurs acides inconnus : l'acide carbonique n'existe pas dans les conditions ordinaires, mais ses sels de sodium sont si bien définis par l'analyse,

$$CO^3Na^2, \qquad CO^3NaH,$$

avec des poids de Na doubles l'un de l'autre, que l'acide correspondant ne peut être que CO^3H^2.

L'étude des sels est singulièrement facilitée par la cryoscopie.

On doit se demander aussi si les divers hydrogènes basiques d'un acide polybasique sont identiques. Ceci revient à étudier l'énergie de combinaison des acides avec les bases, étude qui ne peut être faite qu'après une définition exacte de l'affinité par les lois de la thermochimie ; ces lois nous montreront que les hydrogènes basiques ne sont pas identiques, qu'il y a des acides forts et faibles même réunis dans une seule molécule.

49. Anhydrides. — On appelle anhydrides des dérivés d'acides obtenus par perte d'hydrogène basique sous forme d'eau :

$$SO^4H^2 = SO^3 + H^2O.$$

Il est évident que les acides à radicaux oxygénés sont seuls à présenter des anhydrides. On les nomme comme les acides, en remplaçant le mot acide par le mot anhydride.

Les acides bibasiques donnent des anhydrides particulièrement simples, leur molécule présentant les éléments de l'eau ; tels sont les acides sulfureux, carbonique, qui donnent les anhydrides carbonique CO^2 et sulfureux SO^2 :

$$SO^3H^2 -- H^2O = SO^3,$$
$$CO^3H^2 - H^2O = CO^2.$$

Mais on peut concevoir la perte d'un seul hydrogène ; l'acide sulfurique donne :

$$2SO^4H^2 - H^2O = S^2O^7H^2.$$

Les acides monobasiques sont traités de même en prenant deux molécules d'acide :

$$2AzO^3H - H^2O = Az^2O^5.$$

Les acides tribasiques donnent plusieurs anhydrides :

$$PO^4H^3 - H^2O = PO^3H,$$
$$2PO^4H^3 - H^2O = P^2O^7H^3.$$

D'autres encore sont possibles.

On appelle anhydrides simples ceux qui ne contiennent plus d'hydrogène basique : ce sont de vrais composés oxygénés, connus ou non, appelés pour cela oxydes. Ceux qui contiennent encore des hydrogènes basiques sont de vrais acides ; on les appelle anhydrides mixtes. Tels sont l'anhydride $S^2O^7H^2$ qui est l'acide pyrosulfurique ; l'anhydride PO^3H qui est l'acide métaphosphorique et l'anhydride $P^2O^7H^4$ qui est l'acide pyrosulfurique. Ils présentent les uns et les autres la propriété caractéristique de former avec l'eau l'acide dont ils dérivent. C'est souvent de l'anhydride que l'on part pour préparer l'acide ; souvent aussi on connaît l'anhydride mieux que l'acide, comme l'anhydride carbonique CO^2.

Au lieu de faire agir l'eau, on peut faire agir une base ou même un oxyde métallique ; il se forme un sel :

$$SO^3 + BaO = SO^4Ba,$$
$$CO^2 + CaO^2H^2 = H^2O + CO^3Ca.$$

C'est un moyen indirect de remonter à l'acide. Les métaux n'ont pas d'action.

50. Chlorures acides. — Il existe certains composés qui, en présence de l'eau, produisent des acides oxygénés comme le feraient des anhydrides ; mais le mécanisme est différent, on constate toujours la présence de l'acide chlorhydrique à côté de l'acide oxygéné. Soit le chlorure d'azotyle AzO^2Cl, il nous donne

$$AzO^2Cl + H^2O = AzO^3H + HCl.$$

Inversement, on obtient ces corps, dits chlorures acides, par l'action du chlore sur les acides ; le chlore se substitue à l'oxhydryle et il y a élimination d'eau. Il faut des conditions spéciales ; le plus souvent c'est indirectement qu'on les obtient. Les plus connus en chimie minérale sont :

$$AzOCl, \quad AzO^2Cl, \quad SOCl^2, \quad SO^2Cl^2, \quad PCl^3, \quad PCl^5, \quad POCl^3,$$
$$COCl^2.$$

Ce sont des corps très volatils ; leur considération est donc importante, puisqu'ils ont un poids moléculaire connu, pour arriver à la formule des acides. D'après leur mode d'action sur l'eau, on voit qu'à chaque atome de chlore se substitue un radical OH, et l'hydrogène de ce radical est toujours basique :

$$SOCl^2 + 2H^2O = SO(OH)^2 + 2HCl.$$

La basicité d'un acide peut donc se prévoir. C'est ainsi que PCl^3 donne un acide phosphoreux tribasique

$$PCl^3 + 3H^2O = P(OH)^3 + 3HCl.$$

La formule de constitution de l'acide phosphorique s'écrit aussi :

$$(PO)Cl^3 + 3H^2O = PO \begin{cases} OH \\ OH \\ OH \end{cases} + 3HCl$$

Ainsi l'oxygène de l'oxhydryle a une différence avec l'oxygène du radical du chlorure acide : il imprime à l'hydrogène son caractère basique, et l'oxhydryle peut être remplacé par Cl.

L'existence de chlorures PCl^5 et CCl^4 fait prévoir des acides

$$P(OH)^5, \qquad C(OH)^4,$$

encore inconnus, mais dont on connaît les premiers anhydrides :

$$P(OH)^5 - H^2O = PO^4H^3, \quad \text{acide phosphorique} ;$$
$$C(OH)^4 - H^2O = CO^3H^2, \quad \text{acide carbonique.}$$

La formule du chlorure de silicium

$$SiCl^4$$

a permis de donner la formule

$$Si(OH)^4$$

à l'acide silicique normal, inconnu à l'état libre, mais dont on connaît des sels bien définis, naturels ou artificiels, tels que les grenats, et des éthers. — Un premier anhydride est connu,

$$Si(OH)^4 - H^2O = SiO^3H^2 ;$$

la stabilité de cet anhydride est plus grande que celle de l'acide ; on le prépare par évaporation dans le vide de la dissolution silicique purifiée par dialyse. Il existe beaucoup de silicates qui y correspondent :

$$SiO^3K^2, \qquad SiO^3Ca, \qquad SiO^3Mg.$$

Un second anhydride, très connu par les sels qu'il donne, est

$$_2Si(OH)^4 - H^2O = Si^2O^7H^6 ;$$

le kaolin et la serpentine y correspondent.

Il faut remarquer que la formule de constitution de cet anhydride est : $(OH)^3Si - O - Si(OH)^3$. La liaison des résidus contenant Si se fait par l'intermédiaire d'un atome d'oxygène : dans les acides du carbone, c'est par le carbone que se font les liaisons. Ainsi l'acide oxalique s'écrit

$$\begin{array}{c} CO(OH) \\ | \qquad = C^2O^4H^2. \\ CO(OH) \end{array}$$

C'est une différence entre ces deux métalloïdes si voisins à d'autres points de vue.

L'anhydride SiO^2 est très stable, c'est le silex ou cristal de roche.

51. Bases ou hydrates métalliques. — Les bases sont des composés métalliques nettement caractérisés par leur action sur les acides : ils donnent un sel avec élimination d'eau

$$R'H + KOH = R'K + H^2O.$$

Elles résultent en général de l'oxydation des métaux en présence de l'eau, d'où leur nom d'hydrates :

$$H^2O + K = KOH + H.$$

Le radical qui est uni au métal contient donc le groupe OH une ou plusieurs fois. La valence du métal est satisfaite par un certain nombre d'oxhydryles, accompagnés quelquefois d'oxygène :

$$K(OH), \qquad Ca(OH)^2, \qquad Bi(OH)^3, \qquad Pb^2O(OH)^2.$$

Si l'on combine ces diverses bases avec un acide monobasique, le nombre de molécules d'acide nécessaires à la formation d'un sel neutre mesure l'acidité de la base. Ce nombre est égal à celui des oxhydryles de la base. Il y a des bases monoacides

$$KOH + AzO^3H = AzO^3K + H^2O.$$

Ce sont les hydrates alcalins KOH, NaOH, AgOH, contenant les métaux monovalents.

Les bases biacides correspondent aux métaux bivalents :

$$Ca(OH)^2 + 2AzO^3H = (AzO^3)^2Ca + 2H^2O.$$

Elles donnent un sel neutre avec une seule molécule d'acide bibasique

$$Ca(OH)^2 + SO^4H^2 = SO^4Ca + 2H^2O.$$

Il y a dans les deux cas élimination de deux molécules d'eau.

Les bases triacides sont rattachées aux métaux trivalents

$$3(AzO^3H) + Bi(OH)^3 = (AzO^3)^3Bi + 3H^2O,$$
$$3SO^4H^2 + Al^2(OH)^6 = (SO^4)^3Al^2 + 6H^2O,$$
$$PO^4H^3 + Bi(OH)^3 = PO^4Bi + 3H^2O.$$

Il peut y avoir saturation incomplète des bases polyacides par les acides monobasiques :

$$Pb(OH)^2 + AzO^3H = AzO^3Pb(OH) + H^2O,$$
$$Bi(OH)^3 + AzO^3H = AzO^3Bi(OH)^2 + H^2O.$$

Les sels obtenus ainsi réunissent dans la même molécule la fonction base et la fonction sel. Ce sont des sels basiques.

Les bases peuvent donner des composés semblables aux anhydrides par perte d'eau

$$2KOH - H^2O = K^2O,$$
$$BaO^2H^2 - H^2O = BaO,$$
$$Al^2(OH)^6 - 3H^2O = Al^2O^3.$$

On appelle ces corps des oxydes métalliques basiques, ou des *anhydrobases*. Il peut y en avoir de mixtes, c'est-à-dire présentant encore un ou plusieurs oxhydryles caractéristiques :

$$2Pb(OH)^2 - H^2O = Pb^2O(OH)^2,$$
$$Bi(OH)^3 - H^2O = BiO(OH).$$

La mesure de l'affinité des diverses bases pour les acides se fait par les procédés thermochimiques.

Connaissant l'oxyde basique, on peut prévoir la formule

de la base correspondante, ou inversement, ainsi que nous l'avons montré pour les acides et les anhydrides.

52. Nomenclature des bases. — Si un métal forme une seule base, on l'appelle hydrate et on fait suivre du nom du métal, ou on donne au mot hydrate le qualificatif dérivé du métal avec la finale *ique*.

Ainsi KOH, hydrate de potassium ou potassique ; vulgairement potasse caustique.

Si le métal forme deux ou plusieurs bases, on donne au qualificatif les finales *eux, ique* et les préfixes *hypo, per,* comme pour les acides :

$$Fe(OH)^2, \quad \text{hydrate ferreux ;}$$
$$Fe(OH)^3, \quad \text{hydrate ferrique.}$$

Les oxydes basiques prennent les mêmes terminaisons ; ou encore les préfixes *proto, sesqui, bi, tri,* ... devant le mot oxyde :

$$FeO, \quad \text{oxyde ferreux,}$$
$$Fe^2O^3, \quad \text{oxyde ferrique,}$$

ou encore

$$PbO, \quad \text{protoxyde de plomb,}$$
$$Pb^2O^3, \quad \text{sesquioxyde de plomb,}$$
$$PbO^2, \quad \text{bioxyde de plomb,}$$

Mais cette nomenclature est incomplète car elle peut s'appliquer aux oxydes non basiques.

53. Sels en général ; leur fonction chimique. — La formation des sels à partir des acides et des métaux, des oxydes et des bases ressort complètement de l'étude précédente des acides et des bases ; leur définition même en dépend.

Mais ils jouissent d'une propriété spéciale et bien caractéristique qui en fait des composés mieux définis que les bases et les acides mêmes ; c'est qu'ils se prêtent avec la plus grande facilité aux doubles décompositions de la façon suivante :

Quand deux sels sont mis en présence, à l'état liquide ou surtout à l'état dissous, il y a échange des deux termes acide et base de chaque sel, ou totalement ou partiellement, de sorte qu'on aboutit à un nouveau système de deux ou de quatre sels.

Par exemple, dans le cas de l'azotate d'argent et du chlorure de potassium dissous, on a une transformation complète entre deux molécules :

$$AzO^3Ag + KCl = AzO^3K + AgCl,$$

et le liquide reste neutre.

Au contraire, avec l'azotate de potassium et le chlorure de calcium, on a formation partielle d'azotate de calcium et de chlorure de potassium, de sorte que le système final contient les quatre sels dans des proportions fixes pour un état initial bien déterminé.

Les mêmes réactions se répétant exactement quand on considère un acide et un sel :

$$AzO^3Ag + HCl = AzO^3H + AgCl,$$

on est conduit à étendre la fonction des sels aux acides, considérés alors comme des sels du métal hydrogène. Ce corps est ainsi métal dans les acides, c'est-à-dire quand il est figuré dans un oxhydryle d'acide. Ailleurs on peut dire que c'est un métalloïde.

Les bases peuvent se rapprocher également des sels, car ils forment toujours des doubles décompositions avec les sels ou les acides :

$$AzO^3Ag + KOH = AgOH + AzO^3K,$$
$$AzO^3H + KOH = H^2O + AzO^3K.$$

Cela nous conduit à considérer les bases comme des sels métalliques dans lesquels l'eau est prise comme acide. En effet, dans la formule de constitution de l'eau

$$H - (OH),$$

il y a un oxhydryle, c'est un acide monobasique à radical simple, et à ce titre H radical est métalloïde, tandis que H de l'oxhydryle est basique. Les métaux se substituent à ce dernier par valences égales :

$$H - OK, \quad H^2 - O^2Ca, \quad H^3 - O^3Bi.$$

Ainsi, dans la formule des bases où l'on a fait figurer OH précédemment, ce groupement n'était pas un oxhydryle analogue à celui des acides.

Il ne faut pas perdre de vue, malgré cette généralisation du mot sel, que chaque espèce acide, base, sel a sa fonction propre.

54. Formation des sels. — Les réactions de double décomposition permettent de passer facilement d'un sel à l'autre.

En réunissant tous les cas présentés par les corps acides, bases et sels, on peut énoncer la règle suivante, due à A. Gautier :

En réagissant sur un sel, un corps acide, basique ou salin ne peut faire naître qu'un corps de même fonction que lui.

Exemples pour lesquels la décomposition est totale et donnant naissance à des acides :

$$AzO^3K + SO^4H^2 = AzO^3H + SO^4HK,$$
$$2NaCl + SO^4H^2 = 2HCl + SO^4Na^2,$$
$$CO^3Ca + 2HCl = CO^2 + H^2O + CaCl^2.$$

Mêmes exemples pour des bases :

$$CO^3K^2 + CaO^2H^2 = CO^3Ca + 2KOH,$$
$$SO^4Cu + 2KOH = SO^4K^2 + Cu(OH)^2.$$

Et enfin, pour obtenir des sels,

$$AzO^3Ag + NaCl = AzO^3Na + AgCl,$$
$$CaCl^2 + SO^4Na^2 = SO^4Ca + 2NaCl.$$

Ces réactions sont continuellement appliquées.

Mais les sels peuvent encore prendre naissance en se basant sur les réactions caractéristiques des acides sur les métaux, les oxydes basiques et les bases.

Quelquefois l'anhydride et l'anhydrobase peuvent également ment le donner ;

$$SO^3 + BaO = SO^4Ba ;$$

enfin, citons quelques réactions spéciales, les oxydations,

$$PbS + O^4 = SO^4Pb,$$

et les actions directes,

$$K + Cl = KCl.$$

55. Genres et espèces de sels. — On distingue souvent les sels en composés oxygénés, provenant d'un acide oxygéné, et en composés non oxygénés, ou sels haloïdes, provenant d'un hydracide. Ces derniers sont des composés binaires, leur formule ne peut mettre en évidence ni l'acide ni la base :

$$KCl, \quad CaFl^2, \quad CuS.$$

Dans les premiers, on a cherché à mettre à part l'acide et la base, en réunissant l'anhydride et la base anhydre :

$$SO^4Ca = SO^3 . CaO,$$

$$AzO^3K = \frac{1}{2} (Az^2O^5 . K^2O).$$

Cette notation dite dualistique doit être condamnée comme contraire aux faits et à la grandeur moléculaire. La notation unitaire adoptée montre l'influence du métal et de l'acide seuls, elle est la même pour les deux groupes de sels.

On réunit dans le même genre tous les sels qui dérivent du même acide. Tels sont les genres azotate, sulfate, chlorure, — et l'espèce dans chaque genre est déterminée par la nature du métal : sels de fer, de cuivre, etc.

Chaque genre peut être caractérisé par certaines réactions : les azotates fusent sur les charbons ardents, les carbonates font effervescence avec les acides, etc. De même les espèces se reconnaissent par certains points particuliers : les sels de cuivre sont bleus ou verts en dissolution, les sels de soude sont salés, etc.

56. Sels doubles. — Il arrive souvent qu'en cristallisant dans la même solution, des sels de même genre se combinent. Tels sont

$$KCl + MgCl^2,$$
$$SO^4K^2 + (SO^4)^3Al^2.$$

On les appelle sels doubles. On peut les considérer comme formés par des acides polybasiques dérivant d'acides ordinaires, et dont les hydrogènes basiques sont remplacés par des métaux différents :

$$3HCl \text{ donne } Cl^3KMg,$$
$$4SO^4H^2 - (SO^4)^4Al^2K^2.$$

On a pu considérer l'un des deux sels comme acide, l'autre comme base spéciale, d'où les noms de chlorure acide, chlorure basique et chlorosel ; ainsi le sulfure K^2S se combine facilement au sulfure Au^2S^3. On a le sulfosel $K^2S.Au^2S^3$: K^2S est la sulfobase, Au^2S^3 est le sulfacide.

L'analogie n'est pas complète avec les acides, bases, sels ordinaires.

57. Action des métaux sur les sels. — Si l'on plonge une lame de fer dans une dissolution d'azotate d'argent, l'argent est déplacé complètement si le fer n'est pas trop recouvert d'une couche d'argent, et l'azotate de fer se forme. Cette substitution se fait exactement suivant la règle des valences, le sel reste neutre :

$$Fe + 2AzO^3Ag = (AzO^3)^2Fe + Ag^2.$$

On doit rapprocher cette réaction générale de celle des acides sur les métaux :

$$Zn + SO^4H^2 = H^2 + SO^4Zn.$$

Pour l'hydrogène, il y a toujours déplacement, mais pour un métal sur un sel, il y a d'autres éléments d'affinité à considérer (Ch. VII).

Les poids de ces métaux mis en jeu sont égaux à leurs poids atomiques ; mais si on regarde les poids qui se remplacent vis-à-vis du radical acide tel que SO^4, on a des valences représentées par $H^2.Cu.Fe.Ag^2$.

On a appelé ces poids les équivalents dès métaux. Rapportés à 1 d'hydrogène, ils sont égaux au poids atomique pour les métaux monovalents et à la moitié pour les métaux bivalents.

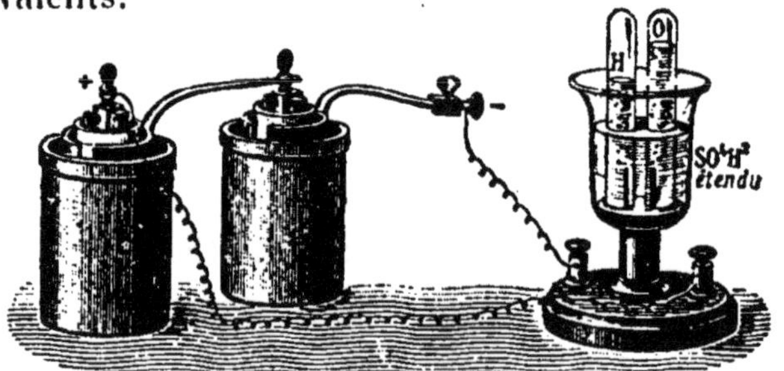

Fig. 17. — Décomposition de l'eau par l'électricité.

58. Action de l'électricité. — Si on fait passer un courant électrique dans un sel fondu ou dissous, il y a décomposition. L'appareil dont on se sert s'appelle voltamètre (*fig. 17*) et les conducteurs qui amènent le courant sont les électrodes, cathode pour la sortie du courant, anode pour l'entrée.

Les lois du phénomène, dues à Faraday, sont remarquables par leur absolue généralité.

Lois qualitatives de l'électrolyse. — *Les acides, bases, sels fondus ou dissous sont seuls électrolysables ; les produits de décomposition n'apparaissent qu'aux électrodes.*

L'hydrogène ou le métal se dépose à la cathode.
Le radical acide apparaît à l'anode.

Lois quantitatives. — *Quelle que soit la forme du voltamètre, un coulomb met toujours en liberté la même quantité du même métal.*

La quantité d'électrolyte décomposé par un courant constant est proportionnelle à l'intensité du courant.

Si le même courant traverse simultanément plusieurs électrolytes, il met en liberté dans le même temps des poids de métaux égaux à leur poids atomique divisé par leur valence.

On constate ainsi qu'un ampère donne $\dfrac{1^{gr}}{96\,600}$ d'hydrogène, et par suite, pour un métal de poids atomique A et de valence n, un poids égal à $\dfrac{A}{n} \times \dfrac{1}{96\,600}$ gramme.

Des réactions secondaires se passant entre les produits de décomposition avec les électrodes, le liquide dissolvant et eux-mêmes, masquent souvent les lois qualitatives, mais on peut toujours en tenir compte et accorder les lois et les données de l'expérience. Prenons par exemple l'électrolyse d'un sel métallique oxygéné, le sulfate de cuivre ; dans un tube en U contenant la dissolution (*fig.* 18), on fait arriver le courant par deux électrodes de platine. La cathode se recouvre

de cuivre, et à l'anode se dégage un gaz qui est l'oxygène ;
on ne constate la présence de l'acide sulfurique qu'indirectement. C'est que le radical acide SO^4, arrivant sur l'anode, se dédouble en $SO^3 + O$, et que l'anhydride sulfurique SO^3, au sein de la dissolution aqueuse, redonne l'acide. L'électrolyte s'enrichit donc en acide sulfurique libre.

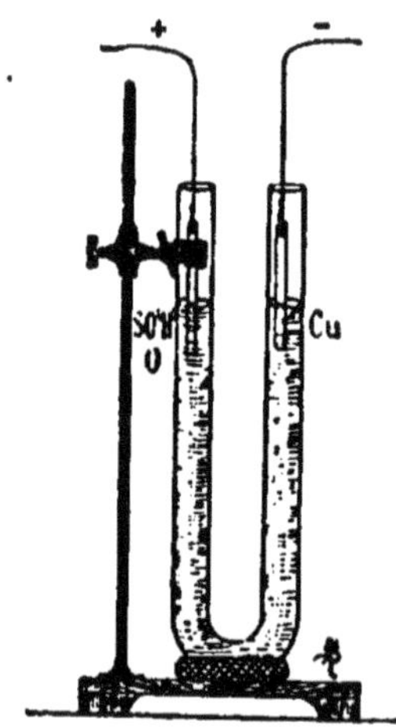

Fig. 18. — Décomposition
du sulfate de cuivre.

Si les électrodes étaient en cuivre, l'anode serait attaquée par SO^4 et redonnerait SO^4Cu en quantité justement égale à celle que le courant décompose. Le bain conserverait sa concentration, et le cuivre de l'anode
se transporterait peu à peu sur la cathode ; l'anode est dite une électrode soluble.

L'eau pure ne s'électrolyse pas ; il faut qu'elle soit acidu-
lée par l'acide sulfurique : SO^4H^2, donnant H^2 à la cathode
et SO^4 à l'anode, ce radical se dédouble en oxygène qui se
dégage et anhydride sulfurique qui redonne SO^4H^2. On a
les deux gaz dans les proportions formant l'eau, et la quantité d'acide est invariable.

Les réactions secondaires sont plus complexes dans le
cas d'un sel alcalin dissous ; soit le sulfate de potassium
SO^4K^2. A la cathode, le potassium déposé attaque l'eau
d'après la réaction

$$K^2 + 2H^2O = 2KOH + H^2$$

et l'hydrogène se dégage, la potasse se dissout. A l'anode,
on obtient le radical SO^4, source d'oxygène et d'acide sulfurique : l'eau est donc décomposée et le sel partagé en
acide libre SO^4H^2 et base libre $2KOH$. Un réactif coloré

montre bien la présence de ces deux éléments, et une cloison poreuse permet de les séparer complètement.

La plupart des réactions secondaires sont évitées dans les électrolytes fondus : le chlorure de sodium et ceux de baryum, strontium et calcium fondus dans un creuset (*fig.* 19), donnent le métal libre, pourvu qu'on le mette à l'abri de l'air, et le chlore peut se recueillir dans une électrode de charbon en forme de tube à dégagement.

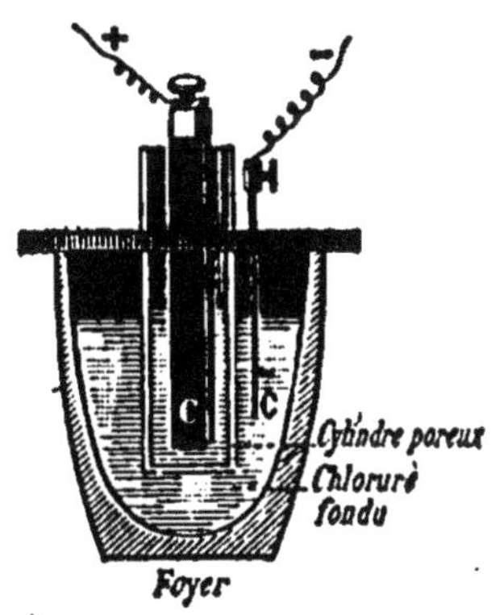

Fig. 19. — Electrolyse d'un chlorure fondu.

59. Action de l'eau sur les sels. — Dans toutes les réactions précédentes, l'eau est indispensable pour mettre en évidence les propriétés des sels aussi bien que celles des acides et des bases. Les réactions sont peu nettes et mal connues sur les sels en fusion, et nulles sur les sels solides.

Ainsi la double décomposition est instantanée et l'équilibre est acquis de suite dans l'eau ; au contraire un excès d'acide liquide et un corps solide ne réagissent que lentement : l'acide azotique non étendu $Az\,O^3H$ ne réagit presque pas sur un métal. Un éther formé par un acide dans un excès d'alcool arrive à sa production totale au bout de plusieurs heures.

On admet que cela tient à ce que l'eau n'est pas un dissolvant neutre, mais que sa fonction acide joue un rôle, de telle sorte que l'acte de la dissolution aqueuse (V. ci-dessous) d'un sel est toujours accompagné d'une mise en liberté partielle de l'acide du sel. Le métal rendu libre en présence de l'eau n'est autre qu'une base. On a donc en présence les trois termes acide, base et sel. Qu'un sel, une base, un acide soient introduits, il doit y avoir phénomène de combinaison instantané et variation dans les proportions des corps libres.

Cet état particulier des sels dissous a été désigné par M. Berthelot sous le nom de dissociation hydrolytique. Peu sensible chez les sels à acides et bases fortes, elle le devient dans les autres à acides ou bases faibles, et les données thermiques renseignement là-dessus.

60. Lois de Berthollet. — Souvent la décomposition hydrolytique n'est que partielle; ainsi le mélange des deux sels AzO^3K et $NaCl$ donne, après équilibre, une certaine proportion des quatre sels possibles,

$$AzO^3K, \quad AzO^1Na, \quad ClNa, \quad ClK,$$

avec des quantités pratiquement nulles d'acides et de bases libres. Un cas intéressant est celui où l'équilibre est impossible, grâce à ce qu'un des éléments en présence se sépare du mélange et n'atteint pas la proportion voulue pour l'équilibre, soit par insolubilité, soit par volatilité ; dans ce cas, la décomposition est complète en faveur de cet élément. Ainsi, dans le mélange

$$AzO^3Ag + NaCl,$$

le sel $AgCl$ est complètement insoluble et ne peut exister dans la dissolution ; la décomposition est complète en sa faveur et il ne reste que AzO^3Na. Ces cas ont été réunis sous le nom de lois de Berthollet, dont voici un énoncé abrégé :

Un sel est complètement décomposé par un acide, par une base, ou par un sel lorsque, de l'échange des acides et des bases en présence, peut résulter un composé plus volatil ou moins soluble que les corps réagissants dans les conditions où l'on se trouve.

De plus, un acide, une base ou un sel donne toujours naissance à un composé de même fonction chimique que la sienne.

Soit l'action d'un acide sur un sel : il y aura production d'un acide avec décomposition complète, si cet acide nouveau est insoluble, ou volatil, ou si le nouveau sel est insoluble :

$$CO^3Ca + 2HCl = CaCl^2 + H^2O + CO^2 \quad \text{volatil,}$$
$$SiO^3K^2 + SO^4H^2 = SO^4K^2 + SiO^3H^2 \quad \text{insoluble,}$$
$$(ClO^3)^2Ba + SO^4H^2 = 2ClO^3H + SO^4Ba \quad \text{insoluble.}$$

L'action d'une base sur un sel produira une base avec décomposition complète, si cette base nouvelle est insoluble ou volatile, ou si le nouveau sel est insoluble :

$$2AzH^4Cl + CaO = CaCl^2 + 2AzH^3 \text{ volatil} + H^2O,$$
$$AzO^3Ag + KOH = AzO^3K + AgOH \quad \text{insoluble,}$$
$$CO^3K^2 + Ca(OH)^2 = 2KOH + CO^3Ca \quad \text{insoluble.}$$

Enfin l'action d'un sel sur un autre sel ne peut donner que des sels, et si l'un d'eux est insoluble ou volatil, la décomposition est complète en sa faveur :

$$CO^3Ca + SO^4(AzH^4)^2 = SO^4Ca + CO^3(AzH^4)^2 \quad \text{volatil,}$$
$$(AzO^3)^2Ba + SO^4K^2 = 2AzO^3K + SO^4Ba \text{ insoluble.}$$

Les exemples nombreux qu'on peut trouver, et qui comprennent presque toutes les réactions de préparation d'acides et de bases, ne sont pas rigoureusement d'accord avec la loi ; on n'y doit voir qu'une sorte de règle mnémonique. La thermochimie prévoit le sens de toutes ces réactions et dans tous les cas possibles.

61. Solubilité des sels dans l'eau. —Tous les sels ne sont pas également solubles dans l'eau, et le phénomène peut être compliqué par des décompositions partielles chez quelques-uns. Il y a donc pour chaque sel une façon particulière de se dissoudre dans l'eau, et une solubilité propre.

On constate que tous les azotates se dissolvent sans exception ; les sulfates se dissolvent aussi sauf ceux de plomb et de baryum ; les chlorures, bromures et iodures sont tous solubles excepté ceux d'argent et de plomb. Enfin les sulfures, phosphates, carbonates et silicates ne se dissolvent que si leur métal est alcalin.

La solubilité varie avec la température et croît en général avec ce facteur ; le salpêtre et l'alun présentent des courbes

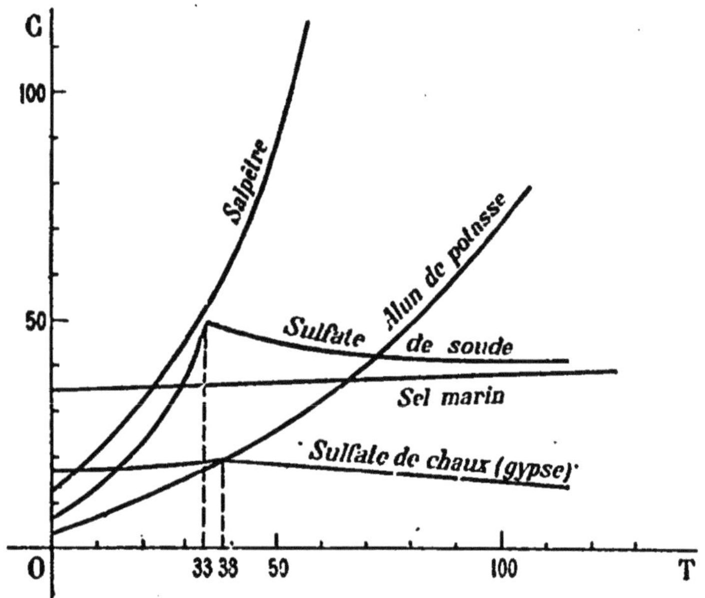

Fig. 20. — Solubilité de quelques sels. Courbes de Gay-Lussac.
(Pour le gypse, les ordonnées sont multipliées par 100)

du système Gay-Lussac (*fig.* 20) montrant bien cette augmentation. Le sel marin n'est pas beaucoup plus soluble à chaud qu'à froid. Enfin les sels de calcium qui sont peu solubles, comme le sulfate, le sont moins à chaud qu'à froid.

Quand on dissout dans l'eau de l'azotate de potassium, on observe un abaissement de température assez grand pour qu'on ait pu utiliser ce mélange comme une source de froid ; le changement d'état du sel est la cause de ce refroidissement. Si on dissout au contraire du sulfate de sodium ou de chlorure de calcium bien secs, on constate une élévation de température. La chaleur absorbée par le changement d'état de ces sels est inférieure à celle que dégage la combinaison chimique entre l'eau et le sel pour former un hydrate ; si on prend en effet le sulfate $SO^4Na^2 + 7.H^2O$ ou le chlorure $CaCl^2 + 3H^2O$ cristallisés, leur dissolution est accompagnée d'un abaissement de température.

La dissolution du sulfate de mercure SO^4Hg s'accompagne d'une décomposition partielle :

$$3SO^4Hg + 2H^2O = SO^4Hg(HgO)^2 + 2SO^4H^2,$$

avec formation d'acide libre et dépôt de sulfate basique ; mais si on continue à ajouter du sulfate neutre, il finit par se disssoudre sans altération, lorsque la proportion d'acide libre est suffisante : on aurait donc pu le dissoudre complètement en ajoutant préalablement l'acide à l'eau. Cette décomposition des sels par l'eau, visible ici à cause du précipité, se manifeste dans beaucoup d'autres cas (V. thermochimie).

62. Hydrates salins ou acides ou basiques. Sels déliquescents et efflorescents. — Lorsqu'on fait cristalliser un sel par évaporation de sa dissolution, il peut arriver que ce sel n'ait pas une composition répondant à sa formule déduite de celle de l'acide, mais contienne de l'eau en quantité plus ou moins grande sans perdre pour cela ses propriétés caractéristiques. Cette eau est véritablement combinée au sel, puisqu'en l'enlevant dans le vide par une élévation de température convenable, on détruit la forme cristalline du sel. On l'appelle eau de cristallisation, et on la sépare, dans la formule du sel, par le signe $+$ du symbole du sel anhydre pour indiquer la faible affinité de cette eau pour le sel. L'eau ne se présente dans ces hydrates salins qu'à l'état d'un nombre entier de molécules, elle obéit donc à la loi des proportions définies.

La quantité d'eau varie avec le sel et les conditions de l'expérience ; c'est ainsi que le sulfate de sodium cristallise selon les formules

$$SO^4Na^2 + 10H^2O, \quad SO^4Na^2 + 7H^2O, \quad SO^4Na^2$$
aux températures $0°$, $8°$ et supérieure à $35°$.

Quand on a affaire à de l'eau mécaniquement interposée entre des cristaux, on doit l'enlever à l'aide du vide sec ; ces cristaux jetés sur les charbons rouges décrépitent par volatilisation de cette eau. Ainsi le sel marin cristallise anhydre, mais contient toujours une proportion variable de cette eau interposée.

L'eau de cristallisation est quelquefois en quantité assez grande pour que, la température s'élevant, le sel fonde dans cette eau comme dans un dissolvant ; tel est le cas de l'alun. Cette fusion aqueuse n'est pas définitive, car si on continue à chauffer, l'eau s'évapore et on voit le sel reprendre l'état solide ; ce n'est qu'à température bien plus élevée qu'il repasse par fusion ignée à l'état liquide. Si le sel hydraté contient peu d'eau de cristallisation, une élévation de température ne fait que chasser cette eau : le gypse cristallisé $SO^4Ca + 2H^2O$ perd sa forme et sa transparence en devenant anhydre. On dit qu'il s'effleurit.

La température ordinaire suffit quelquefois pour faire perdre de l'eau de cristallisation à certains hydrates salins très riches en eau. Le carbonate de soude ordinaire, ayant pour formule $CO^3Na^2 + 10H^2O$ quand il se forme au sein de sa dissolution, perd peu à peu 9 molécules d'eau et se transforme en petits cristaux blancs $2CO^3Na^2 + H^2O$. En plaçant ce sel hydraté dans le vide, Debray a constaté que l'émission de la vapeur d'eau cesse dès que celle-ci a atteint dans le vide une tension de vapeur fixe pour une température donnée, et qui croît avec la température ; inversement si on introduit de la vapeur d'eau et du sel anhydre dans un espace vide, l'eau se combine au sel jusqu'à ce que sa tension tombe à une valeur qui coïncide avec celle qui limitait, dans les premières expériences, la décomposition du sel hydraté pour la même température. Le phénomène est donc en tout comparable à la dissociation des systèmes hétérogènes (77) et soumis aux mêmes lois.

Certains sels très avides d'eau, exposés à l'air, en absorbent continuellement la vapeur et se liquéfient peu à peu ; ils sont dits déliquescents. Tels sont le chlorure de calcium et l'hydrate de potassium. Ils sont employés comme desséchants. Ils ne s'écartent cependant pas des lois de la dissociation : dans l'air très sec, le chlorure de calcium est efflorescent.

Les acides et les bases forment également avec l'eau des hydrates ; citons surtout les hydracides, qui ont une grande affinité pour l'eau ; de telle sorte qu'une solution de gaz HCl dans l'eau ne perd pas tout son gaz par ébullition ; il distille un hydrate défini, $HCl + 6H^2O$; mais à température ordinaire il en existe un autre en état de dissociation, $HCl + 2H^2O$.

L'acide sulfurique donne un hydrate connu sous le nom d'acide glacial $SO^4H^2 + H^2O$, cristaux fusibles à 8°.

La potasse KOH donne un hydrate cristallin

$$KOH + 2H^2O.$$

Ces hydrates se caractérisent par leur forme cristalline et leur état de dissociation propre ; cependant si on veut chercher l'état d'hydratation d'un acide liquide, on peut se contenter de constater la fixité du point d'ébullition. L'étude des courbes de solubilité montre aussi l'existence de plusieurs hydrates pour un même sel ; la courbe change d'allure en présentant un point anguleux : c'est un autre corps qui se dissout. Tel est le cas du sulfate de sodium, dont la première courbe correspond à la solubilité de l'hydrate

$$SO^4Na^2 + 10H^2O,$$

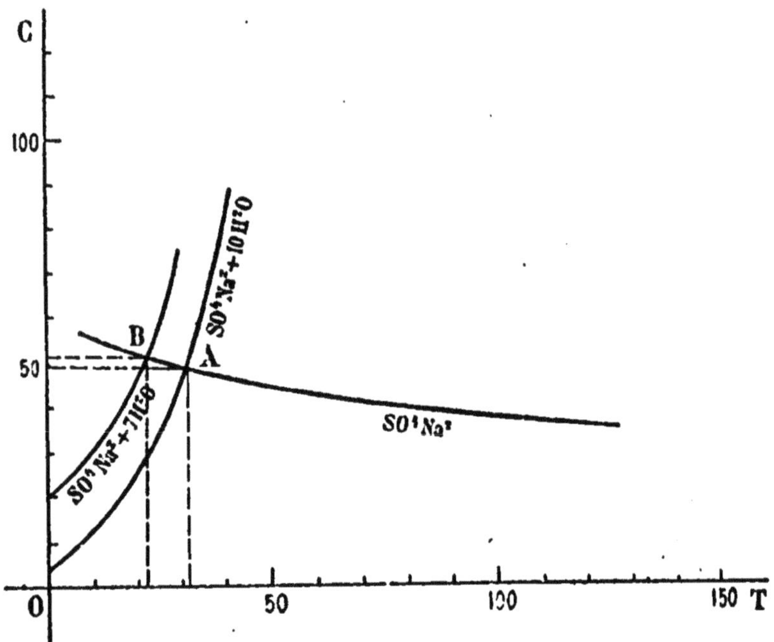

Fig. 21. — Solubilité du sulfate de sodium sous ses trois variétés.
(Courbes de Gay-Lussac.)

et la seconde à celle du sel SO^4Na^2 anhydre. Il n'y a donc pas d'anomalie dans les courbes de solubilité, mais plusieurs courbes qui se raccordent ; c'est ainsi qu'en opérant avéc quelque précaution, pour ne pas détruire les hydrates du sulfate de sodium, Löwel a obtenu les trois courbes distinctes ci-contre (*fig.* 21) genre Gay-Lussac.

On doit rapprocher des hydrates salins certains hydrates de corps simples ou de corps neutres, tels que ceux du chlore, de l'anhydride carbonique, de l'éthylène. Ce sont des composés très instables, mais qui montrent bien la différence entre ces hydrates et les hydrates à fonction acide ou base.

Ils ont en général pour formule $M + 6H^2O$, M étant la molécule du corps hydraté (M. Villard).

63. Réactifs colorés des acides, des bases et des sels. — Un des caractères les plus nets servant à reconnaître si un corps composé jouit de la fonction acide est de le faire agir sur la teinture bleue de tournesol : celle-ci rougit dans l'affirmative ; si au contraire on fait agir une base sur la teinture rougie préalablement, elle redevient bleue ; enfin un sel neutre n'a aucune action sur l'une et l'autre teintures.

Ce caractère serait parfait s'il était d'application générale ; malheureusement il n'en est rien : bien des acides et des bases sont insolubles et par suite sans action ; mais bien plus, des sels parfaitement neutres d'après la définition que nous en avons donnée, agissent sur le tournesol pour le rougir ou le bleuir ; ainsi le carbonate de sodium SO^4Na^2, sel neutre, agit comme la soude caustique seule, et le sulfate de cuivre SO^4Cu, sel neutre, agit comme l'acide sulfurique seul. En général un sel formé d'un acide fort associé à une base faible agit sur le tournesol comme un acide, et un sel à acide faible uni à une base forte agit comme la base seule. Il est à prévoir que la réaction du tournesol rentre dans le cas général des lois de Berthollet : le principe colorant de la teinture est un acide rouge faible, l'acide litmique ; combiné aux bases alcalines, il donne un sel soluble bleu ([1]). Dans le cas du carbonate de sodium, l'acide carbonique mis en liberté par la dissolution a permis la combinaison bleue de la soude caustique et de l'acide litmique ; dans celui du sulfate de cuivre, l'acide sulfurique se combine à la chaux et met l'acide litmique rouge en liberté, l'oxyde de cuivre étant une base trop faible pour le neutraliser.

Les phénomènes que présentent les autres réactifs colorés : méthylorange, jaune en solution neutre ou alcaline, qui vire au rouge par addition d'un acide, — et phtaléine du phénol, incolore en solution alcoolique neutre ou acide, qui vire au violet par action des alcalis, s'expliquent par le même raisonnement ; les principes n'ayant pas même valeur dans chacun vis-à-vis du même acide ou de la même base, il s'en suit que tel composé, neutre au tournesol, pourra ne pas l'être vis-à-vis du méthylorange ou de la phtaléine. Ainsi l'acide borique, acide faible au tournesol, est neutre au méthylorange.

64. Corps neutres. — Il existe une catégorie de corps composés, binaires ou ternaires, qu'on ne peut pas rattacher aux acides, aux bases, aux sels ou à leurs dérivés ; on leur donne le nom de corps neutres. Leur nombre est de plus en plus restreint à mesure qu'on peut leur assigner une propriété caractérisant une fonction. L'oxyde de carbone est un corps neutre : sans action sur les acides, les bases et les sels, il ne se combine à aucun corps composé. On peut lui fixer soit de l'oxygène, et alors il devient l'an-

---

([1]) Le produit industriel appelé tournesol est un litmate de calcium bleu soluble.

hydride carbonique CO^2, soit du chlore, et c'est alors un chlorure acide $COCl^2$ qui permet de passer à l'acide carbonique. Son étude dans des conditions spéciales a cependant permis à M. Berthelot de le combiner à la potasse sans intermédiaire, pour donner le formiate de potassium

$$CO + KOH = CO^2KH.$$

Cette réaction nous le montre comme dérivant de l'acide formique :

$$CO^2H^2 - H^2O = CO.$$

On a pu, de même, trouver une relation analogue dans un autre corps neutre, le protoxyde d'azote

$$Az^2O + H^2O = 2AzOH,$$

cet acide étant appelé hypoazoteux, et correspondant à des sels bien définis. Les corps neutres n'en conservent pas moins leur allure spéciale, d'être rebelles à toute réaction avec d'autres corps composés ; il est donc utile de conserver ce groupe.

La nomenclature se fera en terminant l'un des éléments d'un composé neutre en *ure*, avec divers préfixes, et faisant suivre du nom de l'autre élément. Si l'oxygène est l'un des éléments, on appelle le corps neutre oxyde ; exemples : azoture de silicium, protoxyde d'azote, bioxyde d'azote, etc.

CHAPITRE VI

LOIS DE L'ÉNERGIE DANS LES RÉACTIONS CHIMIQUES

65. Principe de l'équivalence.— Lorsqu'on produit une réaction chimique, il n'y a pas seulement formation de substances nouvelles dont la masse totale est invariable : on constate toujours un phénomène calorifique simultané, mettant en jeu des quantités de chaleur variables selon les cas.

La chaleur est une des formes de l'énergie : un corps possède plus d'énergie quand il est chaud que quand il est froid. La dilatation qui accompagne l'élévation de la température d'un solide permet de s'en rendre compte par des effets mécaniques. La vapeur d'eau prise à 200° exerce un effort plus considérable sur les parois du vase qui la contient qu'à 100°.

On mesure directement cette forme de l'énergie par une unité spéciale qu'on appelle la *calorie* : c'est la quantité de chaleur nécessaire pour faire passer une masse d'eau égale à 1 gramme depuis 0° jusqu'à 1° centigrade ; dans la pratique, on a souvent besoin d'un multiple de cette unité, qui la vaut 1000 fois, et qu'on appelle la grande calorie ; en abrégé on désigne ces grandeurs par c et C.

On peut transformer l'énergie calorifique en d'autres

formes, et particulièrement en travail mécanique : c'est ce qui se fait dans les moteurs dits thermiques, par l'intermédiaire de la vapeur d'eau ou d'un gaz. En déterminant le nombre d'unités de travail fournies par une calorie, on arrive à un nombre constant quel que soit le mode de transformation employé. Le principe de l'équivalence exprime ce fait ainsi :

Principe. — *Quel que soit le système matériel employé pour transformer de la chaleur en travail ou du travail en chaleur, il y a un rapport constant entre la chaleur et le travail mis en jeu, pourvu que l'état initial et l'état final du système soient identiques.*

Le nombre qui exprime ce rapport constant s'appelle équivalent mécanique de la chaleur. Dans le système des unités CGS, ce nombre est 41.700.000 ; cela veut dire que 1 calorie équivaut à 41.700.000 ergs, ou à $4,17 \times 10^7$ ergs, et comme 1 joule = 10^7 ergs, 1 calorie équivaut à 4,17 joules. Dans le système métrique, la grande calorie équivaut à 425 kilogrammètres à Paris.

Dans les combinaisons chimiques, la masse des corps qui entrent en réaction est bien constante ; mais il n'y a pas identité entre l'état initial et l'état final : il faudrait appliquer à ces corps une certaine somme d'énergie pour détruire les effets de la réaction et identifier les deux états. Ce que montre ici le principe de l'équivalence, c'est la constance de cette énergie pour aller d'un état à un autre bien définis ; en effet la réaction chimique a fait passer les corps réagissants de l'état 1 à l'état 2, avec un développement d'énergie E ; pour revenir de 2 à 1, il faut évidemment employer cette même quantité E en sens inverse : car rien n'est alors changé dans le système et s'il restait de l'énergie disponible, l'opération totale réaliserait une machine donnant de l'énergie sans dépense corrélative : ce serait le mouvement perpétuel.

La quantité E nécessaire à un système de corps réagissants pour passer d'un état à l'autre s'appelle variation de l'énergie interne du système chimique ; on la mesure sous forme de chaleur. On doit compléter l'étude de toutes les réactions chimiques par la mesure des chaleurs mises en jeu : cette grandeur caractérise une réaction au point de vue de la stabilité.

66. Réactions exothermiques et endothermiques. — Prenons un flacon de chlore et de l'arsenic en poudre : ce dernier projeté dans le flacon s'enflamme immédiatement ; il se forme du chlorure d'arsenic $AsCl^3$. Le système initial possédait une certaine énergie avant la réaction ; il en possède moins après, car il a dégagé de la chaleur. On dit que la réaction est *exothermique*.

Le fulmicoton chauffé en un de ses points se décompose brusquement en produits gazeux divers qui sont portés à une température telle que leur volume s'accroît beaucoup en refoulant tout ce qui est alentour : il y a production de chaleur et de travail mécanique dans cette réaction, elle est encore *exothermique*. Le terme exothermique s'applique donc aux combinaisons comme aux décompositions.

Si l'on veut décomposer l'eau en oxygène et hydrogène, il faut lui fournir de l'énergie sous une forme quelconque ; le courant électrique effectue cette décomposition dans le voltamètre, aussi bien que la chaleur dans les appareils à dissociation (76). Le sulfate de sodium traité par l'acide chlorhydrique donne divers produits avec abaissement notable de température, c'est-à-dire absorption de chaleur. Le chlorure d'argent dépose de l'argent noir en utilisant l'énergie des radiations solaires pour sa décomposition. Toutes ces réactions qui ont absorbé de l'énergie sous diverses formes sont dites *endothermiques*.

La combinaison de l'oxygène et de l'hydrogène dégage, comme on sait, de la chaleur en grande quantité ; d'autre part, pour décomposer cette eau en ses éléments, il faut lui fournir de l'énergie. L'expérience et le principe de l'équivalence nous indiquent que les quantités de chaleur mises en jeu dans ces deux cas, pour une même masse du système sont les mêmes. Ainsi, une réaction étant exothermique, la réaction inverse, qui ramène le système au point de départ, est endothermique et réciproquement.

Les systèmes considérés doivent être bien définis au moment de la réaction ; la chaleur dégagée par la combustion du soufre n'est pas la même, selon qu'on le prend à l'état solide ou à l'état de vapeur; une des causes de cette différence est certainement la chaleur latente absorbée par le soufre solide pour changer d'état. Le charbon pris sous ses formes solides : diamant, graphite, amorphe, ne dégage pas les mêmes quantités de chaleur en brûlant. L'énergie provenant de ces changements de forme, d'état, de pression extérieure, etc., dans une réaction figure dans la chaleur finale mesurée, et constitue un travail physique étranger au travail chimique proprement dit, qui représente l'affinité.

67. Mesure des quantités de chaleur. — Le calorimètre est l'instrument qui sert à mesurer les quantités de chaleur dans les réactions ; la forme la plus employée est celle de M. Berthelot, dite calorimètre à mélange (*fig.* 22). Il est parfait, tant qu'on peut opérer en dissolution ou au sein d'un liquide, qui est en général l'eau. Ce liquide prend la chaleur dégagée dans la réaction, et quand il y a équilibre de température entre l'eau et les masses réagissantes, on exprime que la chaleur gagnée d'un côté est égale à celle perdue de l'autre.

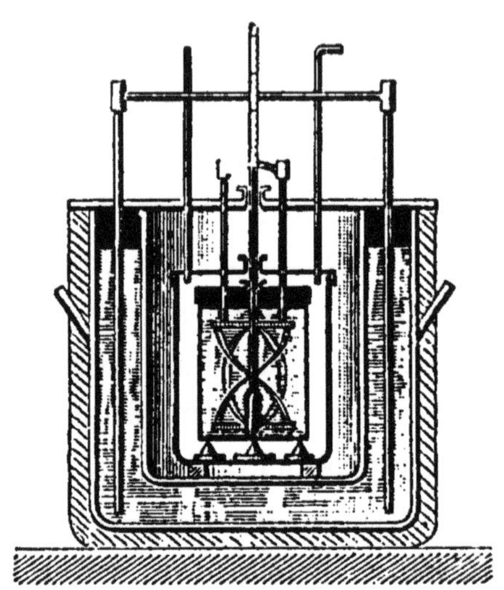

Fig. 22. — Calorimètre de M. Berthelot.

L'eau est contenue dans un vase en platine, muni ou non 'de couvercle, et le thermomètre sert d'agitateur ; ce vase est protégé contre les effets extérieurs par un second vase métallique poli intérieurement sur le fond duquel il repose par des pointes de liège ; entre les deux se trouve ménagé un espace gazeux qui est excellent contre le refroidissement. L'ensemble, formant la partie essentielle, est encore enveloppé d'un vase annulaire en zinc plein d'eau et d'un feutre épais. On est assuré ainsi que l'extérieur influe très peu par sa température sur le calorimètre ; on opère d'ailleurs à une température primitive à peu près constante, sans quoi les résultats ne seraient pas rigoureusement comparables. Enfin, on peut tenir compte de l'erreur provenant de l'échange de chaleur entre l'extérieur et les corps réagissants, soit par la loi du refroidissement, soit par la méthode de compensation de Rumford.

L'important est la mesure des températures ; on se sert toujours de thermomètres marquant le $\dfrac{1}{200}$ de degré centigrade ; avec une telle précision, on peut opérer sur de faibles quantités de chaleur, le calorimètre se met vite en équilibre de température avec les masses réagissantes, et l'excès de sa température sur celle de l'extérieur est assez faible pour éviter toute correction due au rayonnement : l'opération est rapide.

Si l'on veut chercher, par exemple, la chaleur de neutralisation de l'acide azotique par la soude dissoute dans l'eau, on introduit dans l'eau du calorimètre une masse d'acide proportionnelle à son poids moléculaire ; à côté on a une fiole contenant une masse de soude dissoute calculée de même façon ; les deux températures des corps réagisants connues, on verse la soude dans l'acide, d'où la réaction

$$\text{NaOH} + \text{AzO}^3\text{H} = \text{AzO}^3\text{Na} + \text{H}^2\text{O}.$$

Le thermomètre monte rapidement, s'arrête à un maximum et redescend ; ce maximum est la température finale du mélange. Si on évalue la chaleur gagnée par le calorimètre et la dissolution acide (de même chaleur spécifique que l'eau à 0,01 près, comme pour la dissolution basique), et la chaleur perdue par la dissolution basique, on n'a pas égalité : la première expression est plus grande que la seconde. Le nombre Q qu'il faut ajouter pour établir cette égalité est le résultat cherché : il a pour source la réaction chimique provoquée, et montre que les deux liquides ne se sont pas simplement mélangés.

Le procédé n'est pas applicable aux combustions vives, qui sont cependant les réactions les plus importantes de l'industrie ; on peut se servir d'une chambre à combustion immergée dans le calorimètre, dont la meilleure forme est la *bombe calorimétrique* de M. Berthelot (*fig.* 23) : c'est un petit récipient d'acier nickelé extérieurement et doublé de platine intérieurement pour éviter les oxydations, ou simplement émaillé dans le modèle industriel de M. Mahler.

Un couvercle s'y visse solidement, portant un robinet à pointeau servant à introduire l'oxygène sous une pression suffisante pour que la combustion soit complète. Une tige de platine isolée traverse le couvercle, électrode amenant le courant électrique dans une spirale résistante qui est reliée par son autre extrémité à la paroi métallique de la bombe ; celle-ci sera l'autre électrode. La matière à brûler est placée dans une capsule contenant la spirale. L'opération se conduit comme toute opération calorimétrique ; la combustion n'est provoquée que lorsque la bombe est immergée dans l'eau, et que la température est bien uni-

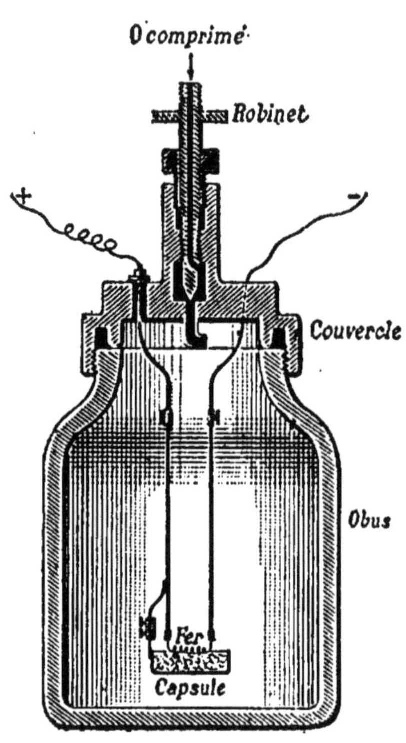

Fig. 23. — Bombe calorimétrique de M. Berthelot.

forme ; l'énergie électrique qui sert à rougir la spirale est facile à calculer.

68. Equations thermiques. — La chaleur mise en jeu dans des réactions qui se passent sur des poids quelconques de matières est ramenée par une règle de trois à ce qu'elle serait si les corps étaient employés dans la proportion de leurs poids moléculaires ; on prend ces poids moléculaires en grammes, d'où l'expression molécule-gramme. Par suite l'unité de chaleur est la petite calorie ; mais comme les nombres obtenus sont habituellement de 4 et 5 chiffres, et que la précision ne peut aller jusqu'à 1 calorie, on exprime la plupart des résultats en grandes calories.

Soit Q la quantité de chaleur dégagée dans l'union des deux corps A et B, quand on fait combiner la molécule-gramme A avec la molécule-gramme B ; on écrit

$$A + B = AB + QC.$$

C'est une vraie équation algébrique, qui permet de montrer que dans la décomposition de AB en A + B, il faut fournir au système Q calories :

$$AB = A + B - QC.$$

Le signe $+$ indique les quantités dégagées, le signe $-$ les quantités absorbées. Il est indispensable d'indiquer en même temps l'état des corps réagissants, liquides, solides, gazeux ou dissous, la température étant ordinaire ; ainsi les deux réactions suivantes sont différentes :

$$H^2 \text{ gaz} + Cl^2 \text{ gaz} = 2HCl \text{ gaz} + 44C.$$
$$H^2 \text{ gaz} + Cl^2 \text{ gaz} = 2HCl \text{ dissous} + 78,6C.$$

La différence représente la chaleur de dissolution de deux molécules du gaz chlorhydrique dans l'eau. — Autre exemple :

$$2H^2 \text{ gaz} + O^2 \text{ gaz} = 2H^2O \text{ vap.} + 2 \times 58,2C.$$
$$2H^2 \text{ gaz} + O^2 \text{ gaz} = 2H^2O \text{ liq.} + 2 \times 69C.$$

La différence mesure la chaleur de condensation de deux molécules-grammes de vapeur d'eau dans les conditions normales de température et de pression.

Quand on a une réaction entre deux corps simples, on ne considère que les poids se rapportant aux atomes, bien que les réactions ne doivent se passer qu'entre molécules :

$$H^2 \text{ gaz} + O \text{ gaz} = H^2O \text{ liq.} + 69C.$$

La réaction prise comme exemple plus haut s'écrit

$$AzO^4H \text{ dissous} + NaOH \text{ dissous} = AzO^3Na \text{ d.} + H^2O \text{ liq.} + 13,7C.$$

69. Principe du travail moléculaire. — L'équivalence entre la chaleur et le travail mécanique a été établie par des expériences où la transformation se fait visiblement, par des machines convenables ; on a été amené à l'admettre dans les combinaisons chimiques, sans vérification directe possible, comme conséquence de la constitution moléculaire de la matière. Les molécules ne sont jamais inertes, mais douées de mouvements vibratoires plus ou moins étendus, qui augmentent ou diminuent d'amplitude selon les circonstances extérieures, chaleur, pression ; cela nous a permis de dire qu'un corps chaud possède plus d'énergie, qu'un corps froid. On ignore le mécanisme par lequel la combinaison de deux corps dégage de la chaleur, mais on est en droit de penser que les molécules nouvelles sont animées de mouvements vibratoires différents, de sorte que l'énergie de la masse totale a changé. Les conséquences de cette manière de voir ont besoin d'être confirmées par l'expérience. On en a eu d'innombrables preuves par les recherches récentes de thermochimie, et on peut formuler un premier principe, dû à M. Berthelot, qui n'est que la traduction des idées théoriques précédentes :

La quantité de chaleur dégagée dans une réaction chimique mesure la somme des travaux physiques et chimiques accomplis dans cette réaction.

Ainsi nous avons vu que

$$H \text{ gaz} + Cl \text{ gaz} = HCl \text{ gaz} + 22C.$$

Ces 22 calories mesurent le travail uniquement d'ordre

chimique dans la combinaison de 1 gramme d'hydrogène avec 35,5 grammes de chlore : il y a un volume final égal à la somme des volumes composants, sans changement d'état. C'est donc la vraie chaleur de combinaison du gaz chlorhydrique, elle mesure ce qu'on appelle l'affinité du chlore et de l'hydrogène.

Si l'on obtient le gaz dissous, la chaleur dégagée est 39,3C : l'énergie développée dans la dissolution du gaz chlorhydrique, phénomène complexe d'ordre physique et chimique, est égale à   39,3 — 22 = 17,3C.

Dans l'exemple suivant :

$$H^2 \text{ gaz} + O \text{ gaz} = H^2O \text{ vapeur} + 58,2C$$

la combinaison, qui se fait dans l'eudiomètre, entre 2 volumes d'hydrogène et 1 volume d'oxygène, donne 2 volumes de vapeur d'eau en opérant au-dessus de 100°, à condition d'exercer une pression supplémentaire qui ramène le mercure au niveau primitif, compté au-dessus de la cuvette ; ceci exige un travail physique qui est compris dans l'évaluation de l'énergie développée dans la combinaison : ainsi 58,2 calories ne représentent pas exactement la chaleur de combinaison de l'oxygène et de l'hydrogène, mais elles en diffèrent très peu. Inversement, si un voltamètre décompose de l'eau liquide, l'électricité donne non seulement l'énergie nécessaire à séparer l'oxygène et l'hydrogène, mais aussi celle qu'absorbe l'eau pour prendre l'état gazeux et pour porter ce volume aux $\dfrac{3}{2}$ de sa valeur.

L'affinité répond à l'énergie nécessaire à séparer les éléments d'une combinaison : celle-ci sera d'autant plus stable que cette quantité sera plus grande.

70. Principe de l'état initial et de l'état final. — *Un système de corps bien défini éprouvant une série de trans-*

formations l'amenant à un second état sans effet extérieur, la quantité de chaleur mise en jeu dans ce passage dépend uniquement de l'état initial et de l'état final, nullement des états intermédiaires.

Ce principe est, comme nous l'avons vu, un corollaire du principe de l'équivalence ; il coïncide avec le principe des forces vives, établi en mécanique et vérifié sur des corps matériels mesurables ; appliqué à des grandeurs moléculaires, on ne peut évidemment qu'en chercher les conséquences. Celles-ci étant démontrées par l'expérience en forment néanmoins une vérification rigoureuse.

Un exemple classique est celui du carbone, qui brûle dans l'oxygène en donnant le gaz carbonique, CO^2. Cette combustion peut se faire d'un coup en se servant d'un excès d'oxygène dans la bombe calorimétrique ; l'équation thermique est alors

$$C \text{ diamant} + O^2 \text{ gaz} = CO^2 \text{ gaz} + 94C.$$

Mais on peut opérer en deux temps : le carbone étant en excès, il se forme principalement de l'oxyde de carbone, CO ; on peut éliminer facilement la faible proportion de gaz carbonique par des moyens chimiques ou, à l'aide de la première équation, en tenir compte ; il vient

$$C \text{ diamant} + O \text{ gaz} = CO \text{ gaz} + 25,8C.$$

On fait ensuite détoner CO et de l'oxygène en excès dans la bombe : on a la réaction

$$CO \text{ gaz} + O \text{ gaz} = CO^2 \text{ gaz} + 68,2C.$$

On vérifie bien que

$$25,8 + 68,2 = 94.$$

Les applications pratiques de ce principe sont extrêmement importantes : si deux corps A et B forment un composé qui ne peut être obtenu directement dans le calorimètre, on engage les deux corps dans une série de réactions mesurables, dont le dernier terme fournit la combinaison AB. On peut donc égaler les quantités de chaleur dégagées, soit directement, soit dans la série de réactions.

En particulier, on peut vérifier que la chaleur nécessaire pour détruire une combinaison exothermique AB est égale à celle qui se dégage lorsque A et B s'unissent pour former AB.

Une réaction déterminée ayant lieu entre deux corps, on peut calculer la chaleur dégagée dans cette réaction quand on connaît les chaleurs de formation des corps figurant dans l'état initial et dans l'état final.

Voici des exemples de ces trois applications :

1° L'anhydride sulfurique SO^3 solide se combine avec grand dégagement de chaleur à l'oxyde de baryum BaO. Mais ces solides sont mauvais conducteurs de la chaleur, ne s'attaquent que superficiellement et sont sans cesse modifiés par l'humidité extérieure. On ne peut donc pas mesurer la chaleur développée dans la réaction

$$SO^3 + BaO = SO^4Ba.$$

Si nous prenons soin de combiner d'abord chaque partie avec l'eau en déterminant les chaleurs dégagées correspondantes, on a

$$SO^3 \text{ sol.} + nH^2O = SO^3 \text{ dissous} + 37,4C.$$
$$BaO \text{ sol.} + nH^2O = BaO \text{ dissous} + 27,8C.$$

En mélangeant dans le calorimètre ces dissolutions étendues, il se précipite du sulfate de baryum identique à celui qui se forme par l'anhydride solide agissant sur l'oxyde sec de baryum. On constate une chaleur de combinaison de 36,8C, inférieure évidemment à celle dégagée par les corps secs, puisqu'il a fallu que les combinaisons aqueuses se détruisent : on a restitué à la première 37,4C, à la seconde 27,8C ; comme il s'est dégagé encore 36,8C, on est en droit d'écrire

$$SO^3 \text{ solide} + BaO \text{ sol.} = SO^4Ba \text{ sol.} + (37,4 + 27,8 + 36,8)C$$
$$= SO^4Ba \text{ sol.} + 102C.$$

2° Les réactions endothermiques sont rarement possibles directement ; on mesure leur chaleur de décomposition et l'on peut écrire, pour les corps A et B,

$$AB = A + B + QC,$$

d'où

$$A + B = AB - QC.$$

Le protoxyde d'azote se forme à partir de l'oxygène et de l'azote avec absorption de chaleur, mais non directement ; il détone et se détruit facilement dans la bombe à l'aide d'une très petite cartouche de fulminate de mercure, en dégageant 20,6 C. On peut donc écrire

$$Az^2 \text{ gaz} + O \text{ gaz} = Az^2O \text{ gaz} - 20,6C.$$

Il y a des formes de l'énergie impossibles à évaluer directement : l'énergie lumineuse qui décompose le chlorure d'argent, ou fait combiner le chlore et l'hydrogène, ou détruit le gaz carbonique dans les plantes, ne peut se mesurer que par l'énergie chimique mise en jeu sous forme de chaleur ; ainsi chaque molécule de gaz carbonique décomposée correspond à 94C.

3° Soit à calculer la chaleur de combinaison de la chaux vive et de l'acide chlorhydrique :

$$CaO + 2HCl = CaCl^2 + H^2O ;$$

les chaleurs de formation des éléments formant l'état initial et l'état final sont connues :

$$Ca + O = CaO \text{ sol} + 132C, \quad 2(H + Cl)\text{gaz} = 2HCl\,g + 44C,$$
$$Ca + Cl^2 = CaCl^2\text{sol} + 170,2C, \quad (H^2 + O)\text{gaz} = H^2O \text{ gaz} + 58C.$$

Le calcul donne pour chaleur dégagée

$$Q = (170,2 + 58) - (132 + 44) = 52,2C.$$

Prenons la préparation de l'hydrogène, qui se fait d'après la formule

$$Zn + SO^4H^2 \text{ dissous} = H^2\text{gaz} + SO^4Zn \text{ dissous}.$$

La chaleur dégagée se calcule ainsi : la réaction doit détruire 1 molécule d'eau liquide, ce qui exige 69C ; mais il se reforme ZnO donnant déjà 83,6C, et la combinaison

$$SO^4H^2 \text{ d.} + ZnO = SO^4Zn + H^2O \text{ dissous} + 23,4C.$$

Le total est de

$$Q = (83,6 + 23,4) - 69 = 38C,$$

valeur vérifiable au calorimètre directement.

71. Principe du travail maximum. — Les recherches thermochimiques ont permis de dresser des tableaux numériques très exacts des chaleurs mises en jeu dans les réactions les plus diverses. Il en résulte qu'on peut calculer l'énergie produite par toute réaction où entrent les corps étudiés, soit comme point de départ, soit comme état final. Quant à prévoir le genre des réactions qui doivent se passer entre plusieurs corps donnés mis en présence, en se basant sur ces tableaux, on ne peut que citer la solution proposée par M. Berthelot et contenue dans le principe suivant :

Tout changement chimique accompli sans l'intervention d'une énergie étrangère (chaleur, électricité, lumière, etc.) tend vers la production du corps ou du système de corps qui dégage le plus de chaleur.

Une solution complète exigerait la connaissance de toutes les forces appliquées sur le système réagissant ; en traitant le problème de mécanique qui tiendrait compte des liaisons nouvelles après réaction, on aurait la nouvelle figure d'équilibre du système, c'est-à-dire l'état final.

Si le principe du travail maximum était rigoureux et les déterminations numériques assez nombreuses, il résoudrait complètement le problème des réactions car il suffirait, étant donnés plusieurs corps A, B, C, ..., de chercher dans les tableaux thermochimiques, les chaleurs correspondant à toutes les combinaisons possibles AB, AC, BC, ABC, ... ; le système donnant le plus grand dégagement de chaleur serait le seul possible.

En fait, cela se vérifie souvent, mais il y a de nombreuses exceptions.

Si, par exemple, on met en présence les gaz chlorhydrique et ammoniac, il y a réaction immédiate avec dégagement de chaleur, sans intervention étrangère :

$$AzH^3 + HCl = AzH^4Cl + QC.$$

Au contraire, l'hydrogène et l'oxygène mis en présence ne se combinent pas à température ordinaire, malgré le caractère fortement exothermique de la réaction :

$$H^2 \text{ gaz} + O \text{ gaz} = H^2O \text{ liq.} + 69C.$$

Il faut soumettre le mélange à une action extérieure spéciale, telle qu'une étincelle électrique, une élévation de température en un point, une compression brusque du mélange, l'introduction d'un fragment de mousse de platine, pour déterminer la combinaison.

Le chlore et l'hydrogène mélangés à volumes égaux à la lumière diffuse se combinent lentement, à la lumière solaire brusquement, avec le même dégagement de chaleur dans les deux cas ; mais nullement dans l'obscurité : la lumière est la cause étrangère nécessaire.

Cette cause est quelquefois très faible ; le chlorure d'azote

AzCl³ qui se décompose avec dégagement de 38C n'explose pas au repos complet ; il suffit de le frôler avec une barbe de plume.

Le temps est indispensable dans le cas de la lumière diffuse sur le mélange de chlore et d'hydrogène ; de même dans la combinaison d'un alcool et d'un acide ; on peut raccourcir le temps nécessaire à la combinaison totale en élevant la température, mais ici l'élévation ne peut être grande, car la réaction inverse de décomposition de l'éther se produit.

Les influences étrangères ont donc une importance telle qu'il faudra les spécifier dans chaque cas. On peut considérer ces influences comme la source d'un travail préliminaire, nécessaire à vaincre des résistances moléculaires analogues au frottement : un corps étant placé sur un plan incliné, peut y tenir en équilibre instable ; il suffit de le pousser légèrement pour qu'il roule au bas de la pente. L'élévation de température provoquée en un point du mélange d'oxygène et d'hydrogène suffit pour combiner une petite portion des deux gaz ; la chaleur résultant de ce premier fait agit sur les couches voisines, qui se combinent à leur tour, et ainsi de suite pour toute la masse : le phénomène ne dure qu'un instant très court.

Les combinaisons se passant d'une énergie étrangère sont rares entre les éléments ; elles sont plus fréquentes entre les corps composés comme les acides et les bases ; es corps liquides et les corps gazeux sont les plus aptes à e combiner directement. Tous ces cas sont d'ailleurs exothermiques et conformes au principe du travail maximum ; par suite on peut prévoir la forme du système final. Le corollaire du principe qui régit ce cas a été énoncé ainsi :

Toute réaction susceptible d'être accomplie sans le secours d'un travail préliminaire, et en dehors de l'intervention d'une énergie étrangère, se produit nécessairement si elle dégage de la chaleur.

Les combinaisons de l'hydrogène avec les métalloïdes et les réactions réciproques de celles-ci sont en concordance parfaite avec l'énoncé précédent. On a par exemple :

$$\begin{array}{llll}
\text{H gaz} + \text{Fl gaz} &= \text{HFl gaz} + 37\,\text{C} & \text{ou} & \text{HFl dissous} + 49{,}4\,\text{C} \\
\text{H gaz} + \text{Cl gaz} &= \text{HCl gaz} + 22\,\text{C} & & \text{HCl dissous} + 39{,}3\,\text{C} \\
\text{H gaz} + \text{Br gaz} &= \text{HBr gaz} + 13\,\text{C} & & \text{HBr dissous} + 29{,}5\,\text{C} \\
\text{H gaz} + \text{I gaz} &= \text{HI gaz} - 0{,}8\,\text{C} & & \text{HI dissous} + 18{,}6\,\text{C} \\
\text{H}^2\text{ gaz} + \text{S gaz} &= \text{H}^2\text{S gaz} + 4{,}6\,\text{C} & & \text{H}^2\text{S dissous} + 9{,}2\,\text{C}
\end{array}$$

Si l'on veut savoir la réaction qui se passera entre volumes égaux de fluor, chlore et hydrogène mélangés, on voit que le chlore restera libre et qu'il ne se formera que HFl. Si HCl était pris tout formé et qu'on fît intervenir le fluor, il y aurait immédiatement la réaction

$$\text{HCl gaz} + \text{Fl gaz} = \text{HFl gaz} + \text{Cl} + (37 - 22)\,\text{C}$$

et non l'inverse. C'est ainsi que le fluor déplace le chlore dans l'acide chlorhydrique, que le fluor et le chlore déplacent le brome de l'acide bromhydrique, et qu'enfin le fluor, le chlore et le brome déplacent l'iode de l'acide iodhydrique.

Si l'on prend les chaleurs de combinaisons suivantes :

$$\begin{array}{l}
\text{K solide} + \text{Fl gaz} = \text{KFl dissous} + 108\,\text{C} \\
\text{K solide} + \text{Cl gaz} = \text{KCl dissous} + 100\,\text{C} \\
\text{K solide} + \text{Br gaz} = \text{KBr dissous} + 95\,\text{C} \\
\text{K solide} + \text{I gaz} = \text{KI dissous} + 80\,\text{C,}
\end{array}$$

on prévoit les réactions suivantes :

$$\text{KBr} + \text{Cl} = \text{KCl} + \text{Br} + (100 - 95)\text{C} \qquad (1)$$

et

$$\text{KCl} + \text{HBl dissous}$$
$$= \text{KBrd.} + \text{HCl dissous} + (95 - 100) + (39 - 29)\text{C.} \qquad (2)$$

Ainsi, tandis que le chlore déplace le brome des bromures, réaction (1), l'acide bromhydrique déplace l'acide chlorhydrique des chlorures, réaction (2) ; ceci se passe immédiatement, et pour le fluor et l'iode on observe la même chose.

Avec les trois corps hydrogène, iode et soufre, on a deux réactions tout à fait différentes selon que les gaz sont secs ou dissous :

$$2HI \ gaz + S \ gaz = H^2S \ gaz + I \ gaz + (4,8 + 1,6)C,$$
$$H^2S \ dissous + I^2 \ dissous$$
$$= 2HI \ dissous + S \ sol. + (18,6 - 9,2)C.$$

Cela tient à l'énorme chaleur de dissolution de l'acide iodhydrique.

Les composés endothermiques ne devront jamais se former directement, puisque la réaction inverse dégage de la chaleur : de même que l'eau n'est décomposée que grâce à un apport d'énergie égal à 69 calories par molécule sous forme de chaleur ou d'électricité, de même il faudra fournir aux éléments d'une combinaison endothermique de l'énergie, en quantité égale à celle qu'elle développe en se décomposant. La difficulté est de trouver le genre d'énergie ; elle varie dans chaque cas. L'ozone se forme par l'influence de l'effluve électrique sur l'oxygène à basse température :

$$O^2 \ gaz + O \ gaz = O^3 \ gaz \ (ozone) - 10,8C.$$

L'azote et l'oxygène exigent une série d'étincelles électriques :

$$Az^2 \ gaz + O^4 \ gaz = Az^2O^4 \ gaz - 5,2C.$$

Le plus souvent, c'est à une réaction chimique exothermique qu'on demande cette énergie ; tous les composés oxygénés de l'azote sont endothermiques, et on n'obtient directement par les étincelles que Az^2O^4 ; les réactions successives de celui-ci donnent tous les autres ; par exemple, les acides azoteux et azotique ainsi :

$$Az^2O^5 + 2KOH = AzO^3K + AzO^4K + Q \text{ cal.}$$

De même, le chlorure d'azote, qui exige 38,1 cal., dépend de la réaction exothermique

$$AzH^3d. + 6Cl$$
$$= 4HCl \text{ dissous} + AzCl^3 + (4 \times 39 - 38 - 14)C.$$

L'azote ainsi capable de s'unir au chlore en sortant d'une de ses combinaisons est dit à l'état naissant, pour le distinguer de l'azote libre.

Le principe du travail maximum indique que les corps qui sont les plus exothermiques sont les plus stables, et ce sont eux qui doivent se former de préférence ; bien qu'il en soit souvent ainsi, on vient de voir que les réactions donnant lieu aux composés endothermiques dégageraient plus de chaleur encore si le composé ne se formait pas.

D'autre part, on connaît des composés endothermiques tels que l'acétylène, le sulfure de carbone, le protoxyde d'azote, qui sont très stables, tandis que le gaz ammoniac, formé avec dégagement de 14 cal., l'est assez peu.

Il n'y a que des hypothèses à faire là-dessus, comme celui d'un équilibre instable des molécules dans les corps endothermiques précédents, qu'un choc particulier détruira, tel qu'une cartouche de fulminate, une compression brusque, etc.

Les explosifs sont des corps endothermiques très stables dans certaines conditions, véritables réservoirs d'énergie transportable sous petite masse matérielle, et dont on peut disposer à un moment donné en leur faisant faire des travaux mécaniques.

72. Application des données thermochimiques aux acides et aux bases. — On peut dresser une liste des acides les

plus connus de façon telle que l'un quelconque déplace en
général ceux qui le suivent de leurs combinaisons et qu'il
soit déplacé lui-même par ceux qui le précèdent. Les premiers sont dits plus forts que les derniers. Cette conclusion
varie beaucoup avec les circonstances où l'on se place ; on
obtient un résultat plus sûr et plus intéressant en comparant les chaleurs de neutralisation des divers acides par une
même base : les réactions à l'état dissous n'exigeant aucun
travail préliminaire, on pourra appliquer en toute rigueur
le principe du travail maximum.

Si l'on dissout 1 molécule d'acide dans une masse d'eau
déterminée et qu'on y ajoute successivement 1, 2, ... molécules de soude dissoutes chacune dans la même masse
d'eau, on observe :

1 moléc$^\text{le}$ AzO^{3}H	+ 1 moléc$^\text{le}$ NaOH dégagent	13,7 C en formant AzO^{3}Na
1 — SO^{4}H^2 + 1 — NaOH	—	15,8 — SO^{4}NaH
1 — SO^{4}NaH + 1 — NaOH	—	15,8 — SO^{4}Na^2
1 — SO^{4}H^2 + 2 — NaOH	—	15,8×2 — SO^{4}Na^2
1 — CO^{3}H^2 + 2 — NaOH	—	10,2×2 — CO^{3}Na^2
1 — H^{2}S + 2 — NaOH	—	3,8×2 — Na^{2}S

Les quantités de chaleur dégagées sont variables, mais
oscillent entre trois valeurs moyennes : 14, 10 et 5 calories.
Les acides correspondants à la première valeur sont dits
acides forts, ceux qui correspondent à la seconde sont dits
acides moyens, et les derniers sont dits acides faibles.

Tous les acides minéraux monobasiques sont forts, sauf
de rares exceptions ; il en est de même des acides homolo-
gues de l'acide acétique en chimie organique ; les acides
bibasiques comme l'acide sulfurique, l'acide sulfureux,
jouissent de deux fonctions acides identiques, qui sont des
acides forts. Les deux fonctions de l'acide carbonique sont
des acides moyens, les deux de l'acide sulfhydrique sont
des acides faibles. Dans les acides tribasiques, les fonctions

acides sont en général différentes. Ainsi l'acide phosphorique possède une fonction acide fort, une fonction acide moyen et une fonction acide faible ; car on a

$$PO^4H^3\ d. + NaOH\ d.\quad = PO^4H^2Na\ d. + H^2O + 14,7\ C,$$
$$PO^4H^2Na\ d. + NaOH\ d. = PO^4HNa^2\ d. + H^2O + 11,6\ C,$$
$$PO^4Na^2H\ d. + NaOH\ d. = PO^4Na^3\ d. + H^2O + 7,3\ C.$$

L'acide borique BO^3H^3 possède deux fonctions acide moyen et une fonction acide faible.

Si l'on compare les diverses bases à l'acide azotique, on obtient une classification analogue. Mais les bases n'étant pas toutes solubles, les résultats sont moins comparables :

$$1\ mol.\ KOH\quad diss. + 1\ mol.\ AzO^3H\ d.\ dégag.\ 13,8\ C\ en\ form.\ AzO^3K$$
$$1\ —\ AzH^4OH\quad —\ + 1\ mol.\ AzO^3H\ d.\quad —\quad 12,4\quad —\quad AzO^3AzH^4$$
$$1\ —\ Ca(OH)^2\quad —\ + 2\ mol.\ AzO^3H\ d.\quad —\quad 13,9 \times 2\quad —\quad (AzO^3)^2Ca$$
$$1\ —\ Zn(OH)^2\ sol.\ + 2\ mol.\ AzO^3H\ d.\quad —\quad 9,8 \times 2\quad —\quad (AzO^3)^2Zn$$
$$1\ —\ AgOH\ \ sol.\ + 1\ mol.\ AzO^3H\ d.\quad —\quad 5,2\quad —\quad AzO^3Ag.$$

Il y a donc lieu de distinguer des bases fortes, moyennes, faibles ; il y a des bases polyacides possédant plusieurs fonctions basiques identiques ou non. On peut remarquer que presque tous les hydrates métalliques proprement dits, de Zn, Fe, Mn, Cu ... sont des bases faibles ou moyennes, les alcalis et les bases alcalino-terreuses étant des bases fortes.

73. Rôle chimique de l'eau. — L'eau n'est pas un dissolvant neutre ; la chaleur de dissolution de l'anhydride sulfurique est

$$SO^3\ sol. + H^2O\ liq. = SO^4H^2\ diss. + 37,4\ C,$$

indiquant une réaction fortement exothermique. Avec l'oxyde de potassium, on a

$$K^2O\ sol. + H^2O\ liq. = 2\ KOH\ diss. + 67,6\ C,$$

— même remarque ; il faut en conclure que l'eau peut jouer le rôle d'un acide ou d'une base d'énergie variable, et que sur les corps dissous il peut y avoir déplacement d'acide ou de base avec dégagement de chaleur. Nous avons vu déjà des sels de mercure et de bismuth décomposés partiellement en se dissolvant dans l'eau ; les recherches thermochimiques le montrent : un sel à acide faible et à base forte mis en présence de l'eau se décompose plus ou moins avec dégagement de chaleur : l'oxyde et l'acide libre s'hydratent ; inversement ces deux éléments mis en contact dans l'eau ne se combinent qu'incomplètement. La limite de ces deux transformations inverses est la même dans des conditions identiques pour un même sel. Pour les sels à acide et base forts, cette décomposition est pratiquement nulle ; pour les sels à acide et base faibles, elle est à peu près complète.

Ce phénomène complique la recherche de la basicité d'un acide ou de l'acidité d'une base. Pour un acide, l'addition de la soude donne des dégagements de chaleur égaux à 14C environ pour chaque hydrogène basique fort, à 10C environ pour un hydrogène basique moyen, et à 5C environ pour un hydrogène basique faible. Mais dans ces deux derniers cas, une autre molécule de soude donne encore un phénomène thermique, en déterminant la combinaison de l'acide rendu libre par dissociation hydrolytique avec une portion de soude ; 2 molécules, 3, 4 ... de soude accusent encore plus cette dissociation.

Soit l'acide arsénieux. On observe pour la première molécule de soude un dégagement de 7,3C ; pour la seconde, 6,3C ; pour la troisième et la quatrième, 1,3C ; pour la cinquième et la sixième, 0,5C ; on en conclut que l'acide arsénieux dissous se comporte comme un acide bibasique faible ; l'eau dissocie le sel disodique produit, et l'alcali ajouté en plus de deux molécules accuse cette dissociation.

Comme on ne connaît que l'anhydride arsénieux As^4O^6 et les sels précédents, de formules AsO^3Na^2H et AsO^3NaH^2, l'acide a pour formule AsO^3H^3 avec un seul hydrogène non basique.

Les limites de ces décompositions sont très variables, avec la dilution et avec la proportion des éléments en présence : le sulfate de cuivre bleu dissous additionné d'acide chlorhydrique vire peu à peu au vert, d'autant plus qu'il y a plus de ce dernier, accusant ainsi une forte proportion de chlorure cuivrique $CuCl^2$.

Si un des éléments se sépare du mélange, il ne peut exister dans la proportion voulue pour qu'il y ait équilibre ; la décomposition se fait complètement en faveur de celui-ci : on prévoit les lois de Berthollet.

74. Lois de Berthollet modifiées. (Voir chapitre V). — Lorsqu'on détermine les quantités de chaleur mises en jeu dans les réactions données comme vérification des lois de Berthollet, on constate qu'elles sont toutes exothermiques, et par suite conformes au principe du travail maximum ; la volatilité et l'insolubilité ne sont donc pas les causes déterminantes de ces réactions. Prenons le cas de l'acide carbonique, déplacé par l'acide chlorhydrique :

$$CO^3Ca + 2HCl = CaCl^2 + CO^2 + H^2O + 8 \text{ cal.}$$

Le gaz carbonique est soluble dans son propre volume d'eau à la pression ordinaire ; si donc il y a dans l'expérience assez d'eau pour que tout CO^2 puisse se dissoudre, on ne peut plus invoquer la volatilité, et cependant la réaction est encore complète.

L'acide borique est déplacé du borax par l'acide chlorhydrique grâce à son insolubilité : il peut y avoir assez d'eau pour qu'aucun précipité ne se forme, cependant la décomposition du borax est totale :

$$B^4O^7Na^2 + 2HCl + 5H^2O = 2NaCld. + 4B(OH)^3d. + QC.$$

On s'en rend compte par l'addition d'un réactif coloré, le méthylorange qui n'est pas affecté par l'acide borique libre, mais qui vire nettement au rouge par l'addition d'une seule goutte de HCl en excès sur la proportion calculée d'après la réaction précédente. Ainsi l'insolubilité de l'acide borique n'a pas été la cause de la réaction.

En général, soient deux acides A et A' et une base B ; en combinant A et B, on a un dégagement de chaleur N ; en combinant A' et B, on en a un autre N', avec le même degré de dilution dans les deux cas ; enfin en faisant réagir soit le sel AB sur l'acide A', soit le sel A'B sur l'acide A, on a des quantités de chaleur K et K'. Or les deux réactions AB + A' et A'B + A   donnent le même état final, car on a les mêmes corps en présence dans les mêmes conditions. Par application du deuxième principe, on peut donc écrire

$$N + K = N' + K',$$

d'où on tire

$$N - N' = K' - K = - (K - K').$$

La différence des actions de deux acides sur une même base est égale et de signe contraire à la différence des chaleurs dégagées lorsqu'on fait agir chaque acide sur le sel provenant de l'autre acide.

Par conséquent, pour le cas de CO^3Ca et HCl, on sait que l'acide chlorhydrique est fort, et l'acide carbonique faible ; c'est donc l'acide chlorhydrique qui déplacera l'autre, totalement, de son sel de calcium. Si les deux quantités N et N' étaient égales, ou voisines, il y aurait partage de la base entre les acides : la proportion des deux acides et des deux sels varie avec le degré de dilution et les données thermochimiques.

Pour l'action des bases, on peut répéter les mêmes choses que pour les acides. Citons, par exemple, deux bases insolubles qui se déplacent conformément à la thermochimie, mais contrairement aux lois de Berthollet :

$$(AzO^3)^2Pb \, dis. + CaO \, sol. = PbO \, sol. + (AzO^3)^2Ca \, dis. + QC ;$$

et le cas de l'oxyde de mercure insoluble HgO qui réagit sur le cyanure de potassium pour donner deux produits solubles, quand l'énoncé de Berthollet donne un sens inverse à la réaction :

$$HgO + 2KCy \, dis. + H^2O = 2KOH \, dis. + HgCy^2 \, dis. + QC.$$

Soient deux acides A, A', et deux bases B, B' ; les quatre corps étant au sein de l'eau, déterminons les chaleurs des réactions suivantes :

$$A + B = AB + NC, \quad A' + B' = A'B' + N'C$$

et mélangeons les sels produits AB et $A'B$, d'où une chaleur mise en jeu K. Faisons ensuite la série de réactions

$$A + B' = AB' + N_1C, \quad A' + B = A'B + N'_1C,$$
$$AB' + A'B + K_1C.$$

On arrive évidemment au même système final ; donc le second principe nous donne

$$N + N' + K = N_1 + N'_1 + K_1,$$

ce qui peut s'écrire

$$K - K_1 = (N_1 - N) + (N'_1 - N').$$

C'est-à-dire que si on forme les quatre sels possibles entre deux acides et deux bases, la différence des quantités de chaleur produites par le mélange des quatre sels pris deux à deux est égale à la somme qu'on obtient en faisant la différence des chaleurs dégagées quand on combine chaque acide avec les deux bases successivement.

Cette relation nous permet de déterminer ce qui se passe au sein d'une dissolution quand on fait réagir deux sels ; ainsi le sulfate d'ammoniaque et le carbonate de soude donnent les nombres N et N' pour leur formation ; les deux autres sels possibles, sulfate de soude et carbonate d'ammoniaque, donnent les nombres N_1 et N'_1 ; en mélangeant les deux premiers, on a un dégagement de K calories, nombre positif ; mais en mélangeant les deux derniers, on n'a pas de dégagement de chaleur, $K_1 = 0$. La réaction correspondant à K est donc seule possible, par suite, on a seulement

$$SO^4(AzH^4)^2 + CO^3Na^2 = CO^3(AzH^4)^2 + SO^4Na^2 + KC.$$

En général, quand une base forte NaOH, est combinée à un acide faible CO^3H^2, et une base faible AzH^4OH, à un acide fort SO^4H^2, le mélange donne une décomposition complète avec combinaison de l'acide fort et de la base forte, de l'acide faible avec la base faible. Ce mélange peut être aussi soluble que le premier.

Dans beaucoup de cas, les nombres K et K_1 sont comparables, de telle sorte que les deux réactions correspondantes sont possibles ; il y a partage des acides et des bases : un système très complexe en résulte (quatre sels en proportions variables avec les circonstances), mais qu'on peut calculer connaissant les six nombres N, N', N_1, N'_1, K, K_1.

La différence $K - K_1$ est toujours faible, et si aucun sel ne se sépare de la dissolution, celle-ci reste neutre comme chaque sel : c'est ce qu'on appelle la thermoneutralité du mélange de deux sels neutres.

Remarquons que si un élément se sépare du mélange par volatilité ou insolubilité, il produit de la chaleur latente et concourt au dégagement de chaleur maximum.

Le troisième principe prévoit les cas possibles de réaction

par voie sèche; le système $SO^4Ba + CO^3Na^2$ dans lequel le sulfate de baryum est insoluble donne par élévation de température $CO^3Ba + SO^4Na^2$. C'est le point de départ de l'analyse des sels insolubles, comme les phosphates, les borates et les silicates métalliques.

75. Influence de la température sur les réactions chimiques. — Une réaction étant provoquée à diverses températures entre les mêmes éléments, non seulement le travail préliminaire nécessaire varie et peut devenir nul, mais la chaleur de combinaison elle-même varie, et d'une façon irrégulière. On sait que le mélange d'oxygène et d'hydrogène reste inactif à la température ordinaire, mais que les deux gaz réagissent lentement sous l'influence de la mousse de platine; l'étincelle qui dégage peu de chaleur par elle-même détermine brusquement la même réaction; si on prend ces gaz à 500°, ils se combinent peu à peu, mais si la température est plus élevée, le phénomène est brusque. Si l'on mesure les quantités de chaleur mises en jeu dans le travail chimique de la combinaison, accompagné ici du travail physique de la condensation de 3 volumes en 2, on a, l'eau étant prise liquide,

Températures	0°	100°	200°	(sous pression)
QC	69	68,2	67,4	

Si l'eau est prise à l'état de vapeur aux mêmes températures, mais à des pressions variables,

Températures	0°	100°	200°
Pressions	$0^{m},5$	76^{cm}	7601^{cm}
Calories	58,1	58,6	58,7

Ces variations sont irrégulières, mais peu considérables; en raison même de cette irrégularité, on conçoit que pour certains corps il y ait changement de signe dans cette suite de nombres quand la température croît, et qu'un corps stable à température ordinaire devienne instable à haute température, et inversement.

L'ozone, par exemple, qui est très instable à 15°, et qui se détruit complètement à 100°, se reforme en proportion notable à 1200°. C'est encore le cas de l'acétylène, qui est obtenu par synthèse directe à la haute température de l'arc électrique, et qui se décompose à des températures moins élevées.

Les expériences de Pictet aux plus basses températures ont établi que des corps très avides les uns des autres ne se combinent plus à — 150°, tels que l'acide sulfurique et la potasse.

L'action des sels donne lieu à des remarques analogues : l'acide silicique est déplacé de ses combinaisons solubles à température ordinaire même par l'acide carbonique : c'est un acide faible. Au rouge vif, c'est l'inverse qui se passe, l'acide carbonique est déplacé et même les acides forts comme HCl et l'acide phosphorique : il est devenu acide fort.

76. Réactions réversibles. Dissociation. — La plupart des réactions qui ont donné naissance aux composés défi-nis qui nous ont servi de point de départ pour les lois générales, sont complètes, différenciant nettement l'état initial et l'état final ; une petite variation de température ou de pression n'amène aucun changement dans l'état final. Tel est le cas de la combinaison du fer et du soufre donnant FeS, celui de la décomposition du chlorure d'azote, donnant $Az + Cl^3$. Ces réactions sont dites illimitées ou non réversibles. A de hautes températures, ces corps composés, même les plus stables, peuvent se conduire autrement : ils peuvent exister en même temps qu'une proportion variable de leurs composants libres ; la réaction qui leur donne naissance est incomplète, ou limitée par la réaction inverse ; on l'appelle aussi réaction réversible.

L'oxygène et l'hydrogène, chauffés en proportion convenable à 1000°, se combinent brusquement ; cependant la réaction n'est pas complète si on se maintient à cette température ; des dispositifs spéciaux ont permis d'y mettre en évidence les deux gaz libres. Mais il existe un équilibre entre les trois corps en présence, H^2O, H et O, et cet équilibre est atteint si le mélange des deux gaz composants a une force élastique F qui n'est fonction que de la température de l'expérience et non des masses en présence. En effet, si on élève la température à 1200°, cette valeur de F augmente et devient F' grâce à une plus forte proportion d'eau décomposée ; si ensuite on revient à 1000°, la force élastique diminue et reprend la valeur F : l'hydrogène et l'oxygène se sont recombinés partiellement, juste en quantité suffisante pour que leur mélange resté libre reprenne la tension F. Cette grandeur, qui fixe la limite de décomposition de l'eau pour une température donnée, s'appelle *tension de dissociation* de la vapeur d'eau. Elle est pratiquement nulle au-dessous de 1000°, mais croît très vite. Elle est indépendante de la masse absolue d'eau décomposée et du volume offert au mélange : une petite masse d'eau portée à 1000° et à laquelle on donne un grand volume peut être décomposée complètement.

Il est difficile de mesurer la tension de dissociation de l'eau ; mais le phénomène peut être montré qualitativement ; l'appareil le plus connu pour cela est celui de Sainte-Claire Deville (*fig.* 24). Dans l'espace annulaire compris entre deux tubes de porcelaine concentriques, l'extérieur vernissé, l'intérieur poreux et devant servir de filtre, on fait passer un courant de gaz carbonique, tandis que l'ensemble est

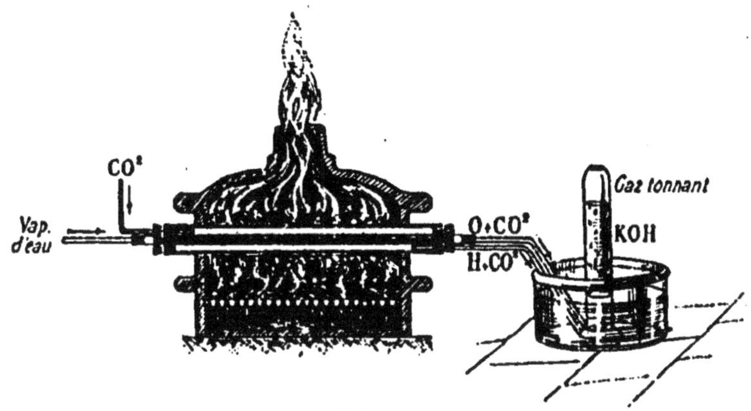

Fig. 24. — Appareil de Sainte-Claire Deville.

placé dans un fourneau à réverbère qui donne environ 1 200°. Dans le tube intérieur, on dirige un courant de vapeur d'eau; des fragments de porcelaine remplissant les deux tubes égalisent la température en tous points. L'eau dissociée laisse passer de l'hydrogène au travers du tube poreux, ainsi qu'une faible quantité d'oxygène ; l'excès d'oxygène libre est ainsi séparé et se mêle à la vapeur d'eau non décomposée et à une petite quantité de gaz carbonique venue en sens inverse de l'hydrogène. Les deux éléments entraînés par le gaz inerte se retrouvent libres à la sortie et on les sépare facilement de ce dernier au moyen de la potasse ; quant à la portion des gaz libres non filtrée, elle redonne de l'eau dans les parties moins chaudes. On peut d'ailleurs montrer qu'il en est bien ainsi ; en supprimant le tube intérieur, on ne recueille à la sortie que de la vapeur d'eau malgré les hautes températures auxquelles elle a été portée.

Dans une autre disposition, désignée sous le nom d'appareil chaud et froid, Deville a remplacé le tube poreux par un tube en laiton argenté maintenu à 10° par un courant d'eau rapide, et il a pu condenser à sa surface les produits dissociés dans le cas du gaz carbonique, de l'acide chlorhydrique, et de quelques autres corps très stables.

Une conséquence remarquable de la dissociation de l'eau, c'est que la température développée dans la combustion de l'hydrogène est bien inférieure à la valeur que l'on calculerait en appliquant toute la chaleur dégagée par une combustion complète à l'eau formée. Elle serait de 6800° environ, tandis que l'observation directe ne donne que 2500° environ : c'est qu'à cette température une forte proportion des composants de l'eau reste libre.

77. Lois de la dissociation. — Les lois de la dissociation ont été établies sur des expériences plus faciles à réaliser que les précédentes : en étudiant la décomposition du carbonate de calcium, Deville et Debray ont pu mesurer les tensions de dissociation correspondant à une série de températures, et dire :

1° *La dissociation d'un composé est limitée, à toute température, par une tension fixe des produits gazeux de la décomposition.*

2° *Cette tension est fonction de la température seule et croît généralement avec elle ; elle ne dépend ni de la masse ni du volume des corps réagissants.*

L'appareil se compose d'un tube de porcelaine fermé, et communiquant d'une part avec un manomètre, de l'autre avec une machine pneumatique. On place le tube dans une étuve à température connue. A partir de 450°, le carbonate de chaux commence à se décomposer suivant l'équation

$$CO^3Ca = CO^2 + CaO$$

et le manomètre qui indiquait une pression nulle, grâce au vide parfait pratiqué dans le tube, indique une certaine tension due au gaz carbonique : c'est la tension de dissociation F. L'autre produit de décomposition étant solide, sa pression n'intervient pas, non plus que celle du carbonate ; un tel système est dit hétérogène, par opposition à celui de l'eau qui est homogène.

Tant que la température reste constante, F ne varie pas : du gaz étant enlevé par la machine pneumatique, la décomposition se fait sur d'autres portions du carbonate, jusqu'à ce que le manomètre indique encore F. Quel que soit le volume du tube, F est encore le même. Enfin si la quantité de chaux libre est suffisante et qu'on introduise du gaz carbonique, il y a recombinaison jusqu'à ce que la tension du gaz retombe à F.

La température s'élevant, F croît, et atteint environ une atmosphère au rouge blanc ; en la laissant s'abaisser, les tensions reprennent successivement les mêmes valeurs :

$$T = 540 \quad 610 \quad 625 \quad 740 \quad 745 \quad 810 \quad 865$$
$$F = 2^{cm},7 \quad 4,6 \quad 5,6 \quad 25,5 \quad 28,9 \quad 67,8 \quad 133,3$$

Ce tableau résulte des mesures de M. Le Châtelier effectuées à l'aide d'un couple thermo-électrique. La courbe représentative de ces résultats a une analogie frappante avec celle de la tension maxima de la vapeur d'un liquide quand la température varie : les deux phénomènes sont parallèles sur bien des points.

Constatons qu'au-dessus de 800°, la décomposition du calcaire se fait complètement à l'air libre, car F n'y peut atteindre sa tension maxima et le gaz carbonique se dégage jusqu'au bout. Cela se passe dans les fours à chaux. Le vide, au-dessous de 800°, amènerait de même la décomposition complète du carbonate en enlevant le gaz au fur et à mesure de sa production.

Beaucoup de systèmes hétérogènes se trouvent dans la pratique ; contentons-nous de citer le chlorure d'argent ammoniacal $AgCl,3AzH^3$ et les sels efflorescents tels que $CO^3Na^2 + 10H^2O$, qui se dissocient aux températures ordinaires. Le premier laisse échapper le gaz AzH^3 et se transforme en $AgCl, \dfrac{3}{2} AzH^3$ en quantité telle qu'à $0°$ on a $F = 29^{cm}$ et à $20°$ on a $F' = 80^{cm}$. Le second perd de l'eau à l'air sec et en reprend à l'air humide selon les lois de la dissociation.

Chaque substance a sa courbe de dissociation propre, l'allure de cette courbe pouvant même beaucoup changer : pour l'acide sélénhydrique, elle présente un minimum de F quand t croît continuellement.

La dissociation de l'eau permet d'expliquer la réaction suivante : la vapeur d'eau passant avec du chlore dans un tube de porcelaine très chaud, il y a décomposition de cette eau et formation d'acide chlorhydrique. Or l'équation suivante est endothermique :

$$2Cl + H^2O = O + 2HCl + (2 \times 22 - 58)C \text{ ou} - 14C,$$

et c'est l'inverse qui devrait se passer. Mais l'eau est dissociée partiellement dans ces conditions, tandis que la tension de dissociation de HCl est alors à peu près nulle. On a donc en présence les trois gaz O, H, Cl libres ; et le gaz HCl se forme avec dégagement de chaleur ; l'oxygène reste libre.

La transformation d'un corps volatil en une forme allotropique est un véritable cas de dissociation, et on peut déterminer les tensions de vapeur qui limitent la transformation pour chaque température. Tel est le cas du phosphore blanc volatil qui se transforme, à l'état de vapeur, en phosphore rouge solide jusqu'à ce que la vapeur ait une tension de transformation fixe à chaque température.

78. Loi de l'équilibre chimique. — Si on met en présence des corps qui peuvent donner naissance à une réaction limitée par une réaction inverse, il y a en général une infinité de systèmes d'équilibre, correspondant à toutes les valeurs possibles des facteurs pression et température. On peut comprendre ces systèmes dans la loi suivante due à M. Le Châtelier :   .

Toute variation de température ou de pression provoque dans un système réversible en équilibre une transformation qui, si elle s'effectuait spontanément, produirait un phénomène opposé à celui qui donne naissance à la transformation.

En d'autres termes, toute élévation de température sur un système exothermique produira une transformation endothermique, tout abaissement une transformation exothermique. C'est bien le cas de l'eau dans les limites de température où la réaction est réversible. De même pour les pressions.

CHAPITRE VII

CLASSIFICATION DES ÉLÉMENTS

79. Métalloïdes et métaux.— Il y a eu de nombreux essais de classification rationnelle des éléments, c'est-à-dire d'un groupement fondé sur l'ensemble de leurs propriétés, surtout d'ordre chimique ; cependant on doit dire que jusqu'ici les résultats sont peu satisfaisants. Cela tient à de nombreuses causes dont la première est probablement l'ignorance de beaucoup de propriétés de plusieurs éléments, rares ou obtenus impurs, et dont le nombre est encore considérable.

La tentative la plus remarquable dans ces derniers temps est certainement celle du chimiste russe Mendeléef (1870) qui énonça la loi périodique (ch. IV) ; il constata que, dans une certaine mesure, il y avait corrélation entre la variation des poids atomiques et celle des propriétés des éléments. La classification qui en est résultée a une grande portée théorique ; mais ses imperfections l'empêchent encore de servir de moyen de simplification dans l'enseignement ; nous la donnons plus loin. Il nous faut donc rester dans le domaine des classifications pratiques. A ce point de vue se rattache la division de Lavoisier, des corps simples en métalliques, et non métalliques ou métalloïdes.

Du côté des métaux, nous mettrons tous les corps simples capables de se substituer à l'hydrogène basique des acides pour former des sels ; de l'autre côté, tous les autres qui n'ont pas cette propriété.

On peut même se servir de ce caractère unique pour que la division soit plus absolue, et laisse moins de termes dans l'ambiguïté ; malgré l'artificiel que présente une telle division, il se trouve qu'en examinant de très près les corps des deux groupes, on se trouve en présence de substances bien différentes. C'est donc que le caractère choisi est véritablement fondamental ; car il en découle une série de propriétés chimiques qu'on ne retrouve à aucun degré chez les métaux si on a étudié les métalloïdes, et réciproquement.

Le rôle du métal d'un sel n'est pas celui du métalloïde de l'acide : il se porte à la cathode dans l'électrolyse ; il peut être remplacé par un autre métal suivant la règle des valences sans que le métalloïde change ; la solubilité, la forme cristalline du sel sont souvent les mêmes avec divers métaux, tels que ceux de la série magnésienne dont la formule générale est $SO^4M'' + 7\ H^2O$.

Pour quelques autres propriétés des métaux, on peut les retrouver dans les métalloïdes. Ainsi les composés très oxygénés des métaux ont un caractère acide net en présence de l'eau, comme ceux des métalloïdes : le chrome à ce point de vue ressemble au soufre, et le manganèse au chlore.

Il y a donc deux parties dans l'histoire d'un métal : celle de ses sels et celle de ses autres composés. Or au point de vue chimique, les composés les plus importants d'un métal sont ses sels ; les métaux qui n'auront pas de sels importants, mais plutôt d'autres composés, seront semblables aux métalloïdes : tels sont l'antimoine et le bismuth qui ressemblent tant à l'azote et au phosphore, et qu'on met dans le même groupe.

Les propriétés physiques des métalloïdes et des métaux ne sont caractéristiques que dans certains termes. Ainsi l'éclat métallique se retrouve dans l'iode, le tellure et l'arsenic.

Quoi qu'il en soit de cette division, une fois acceptée, il devient bien plus facile de faire une classification dans chaque groupe.

80. Classification des métalloïdes de Dumas. Hydrogène. — La classification des métalloïdes de Dumas est à peu près définitive, car elle présente des familles naturelles d'éléments ayant des fonctions chimiques très analogues. On n'a pas eu à lui faire subir d'autre modification que la séparation du bore de la quatrième famille pour le mettre dans une cinquième à part, dont il est provisoirement l'unique représentant. Mais on peut lui faire des additions, certains corps venant se placer dans ces familles après une étude plus complète.

L'hydrogène a été mis à part avec raison ; ses propriétés spéciales en font un terme particulier : il a quelque chose des métaux, dont il occupe la place dans un acide, dont il joue le rôle en électrolyse, et même dans le déplacement des métaux salifiés : il met en liberté l'argent sous pression ; ainsi on a

$$H + AzO^4Ag = AzO^3H + Ag \, ;$$

enfin c'est le seul gaz conduisant sensiblement la chaleur.

Son poids atomique a été pris comme égal à l'unité, car c'est le plus léger de tous les gaz. Il ne se combine qu'aux métalloïdes et définit de la sorte leur valence. On a pu obtenir des combinaisons avec les métaux, mais fort peu stables, et qui présentent les allures des alliages définis ; telles sont celles qui ont pour formules K^2H et Na^2H.

Son rôle dans les combinaisons est remarquable ; il est tantôt remplaçable par les métaux, c'est-à-dire hydrogène basique ; tantôt neutre. Dans le premier cas, il est toujours allié à un radical oxygéné ou à un métalloïde fortement électronégatif.

Il est possible qu'on place à côté de lui les nouveaux gaz de l'atmosphère découverts récemment par Ramsay, tels que l'argon, le néon, le krypton, l'hélium, etc. ; mais comme on n'a pas encore pu engager ces corps dans des combinaisons, on ne connaît pas leurs poids atomiques, et par suite leurs analogies ne sont pas établies.

81. Première famille des métalloïdes : halogènes. — Les corps simples de cette famille ont été appelés halogènes parce qu'ils donnent naissance, avec les métaux, à des composés analogues au sel marin. Ce sont :

Fluor	Chlore	Brome	Iode
$Fl = 19$	$Cl = 35,5$	$Br = 80$	$I = 127$

Leurs poids atomiques sont sensiblement comme les nombres 1, 2, 4, 6. Ils sont connus sous les trois états solide, liquide, et gazeux. Les densités gazeuses sont

$$1,265, \qquad 2,44, \qquad 5,54, \qquad 8,72 - 4,5.$$

La densité du dernier corps tend à diminuer de moitié lorsque la température s'élève ; ces nombres croissent comme les poids atomiques ; il en est de même des densités liquides et solides. Prenons encore les points d'ébullition :

$$- 100°, \qquad - 33°, \qquad 63°, \qquad 200°.$$

Ils sont tous colorés : le fluor est jaune clair, le chlore jaune verdâtre, le brome rouge hyacinthe et l'iode violet opaque. Leurs spectres d'émission formés d'un grand nombre de raies brillantes, sont caractéristiques de cette famille ; les trois derniers sont presque identiques.

Au point de vue chimique, ces corps sont remarquables par leur affinité pour l'hydrogène et les métaux : ils sont monovalents, c'est-à-dire qu'ils s'unissent atome par atome à l'hydrogène, pour former des hydracides gazeux sans contraction de volume. Leur affinité décroît pour l'hydrogène et les métaux quand le poids atomique croît ; nous avons ainsi

$$
\begin{aligned}
&\text{H gaz} + \text{Fl gaz} = \text{HFl gaz} + 37\,\text{C} \qquad \text{et} \quad \text{HFl dissous} + 49{,}4\,\text{C,}\\
&\text{H gaz} + \text{Cl gaz} = \text{HCl gaz} + 22\,\text{C} \qquad \text{et} \quad \text{HCl dissous} + 39{,}3\,\text{C,}\\
&\text{H gaz} + \text{Br gaz} = \text{HBr gaz} + 13{,}8\,\text{C} \quad\;\, \text{et} \quad \text{HBr dissous} + 29{,}5\,\text{C,}\\
&\text{H gaz} + \text{I gaz} \;\;= \text{HI gaz} \;\;\; -\, 0{,}8\,\text{C} \qquad \text{et} \quad \text{HI dissous} \;\; + 18{,}6\,\text{C.}
\end{aligned}
$$

Ces acides sont très énergiques, gazeux, fumant à l'air, très avides d'eau et très solubles. La dissolution est accompagnée d'un fort dégagement de chaleur. C'est à cause de la stabilité extrême de HFl qu'on n'a pu isoler le fluor qu'en ces derniers temps ; dans ces acides et dans les composés métalliques, l'halogène le plus léger déplace toujours le plus lourd, conformément aux principes de thermochimie.

Les combinaisons avec les autres métalloïdes sont moins importantes ; l'oxygène ne se combine pas au fluor, indirectement et en absorbant de la chaleur avec les autres ; l'iode seul donne des acides stables tels que l'acide iodique IO^3H ; on a une loi d'affinité inverse avec l'oxygène et avec l'hydrogène : c'est l'halogène le plus lourd qui déplace le plus léger dans les combinaisons oxygénées.

A côté des ressemblances, on doit noter des différences entre ces corps ; en général, le fluor s'éloigne des trois derniers : il ne forme pas de composés métalliques isomorphes avec les chlorures, bromures, iodures ; il donne même un composé avec le calcium qui est insoluble, tandis que les trois autres halogènes en donnent un très soluble, et même déliquescent ; inversement le fluorure d'argent est soluble, tandis que les chlorure, bromure et iodure d'argent sont insolubles.

L'iode présente aussi des singularités : sa valence n'est pas constante, car on connaît le composé ICl^3 où il est trivalent, ainsi que plusieurs de ses composés oxygénés. C'est une sorte de lien entre la première et la troisième familles, tandis que le fluor en est un avec la seconde.

Ces corps ne se trouvent jamais libres dans la nature à cause de leurs affinités énergiques ; le fluor est dans le sol à l'état de fluorures insolubles, quelquefois associé à un sel oxygéné et au chlore, comme dans l'apatite :

$$3[(PO^4)^2Ca^3]+Ca(Cl, Fl)^2.$$

Les trois autres halogènes se trouvent presque toujours à l'état de combinaison alcaline et soluble : l'eau de la mer est leur grand réservoir. L'iode, le plus rare des trois, a une affinité élective pour certains organismes : éponges, foies de morue, glande thyroïde, etc.

82. Seconde famille des métalloïdes : sulfuroïdes. — Les corps simples compris dans cette famille sont :

Oxygène	Soufre	Sélénium	Tellure
$O = 16$	$S = 32$	$Se = 79$	$Te = 127$

On remarque dans leurs propriétés des variations analogues à celles qui ont été constatées dans la première famille. Au point de vue physique, les densités solides et gazeuses sont :

densité solide	1	2	4,8	6,2
— gaz	1,1050	2,22	5,6	8,9

Ce qui les caractérise au point de vue chimique, c'est qu'un volume de leur vapeur s'unit à deux volumes de gaz hydrogène pour donner deux volumes de composé gazeux. L'énergie mise en jeu dans ces combinaisons décroît quand le poids atomique croît :

$$H^2 \text{ gaz} + O \text{ gaz} = H^2O \text{ vapeur} + 58 \text{ C,} \quad \text{ou} \quad H^2O \text{ liq.} + 69 \text{ C,}$$
$$H^2 \text{ gaz} + S \text{ crist.} = H^2S \text{ gaz} + 4,8 \text{ C,}$$
$$H^2 \text{ gaz} + Se \text{ mét.} = H^2Se \text{ gaz} - 25,1 \text{ C,}$$
$$H^2 \text{ gaz} + Te \text{ crist.} = H^2Te \text{ gaz} - 34,9 \text{ C.}$$

Les deux premiers seuls sont exothermiques et se forment par union directe des éléments vers 500°; mais la combinaison est limitée par la réaction inverse si la température augmente ; pour les deux derniers, d'après la loi de Le Châtelier, et conformément aux recherches de M. Ditte, ils se forment en quantité croissante à mesure que la température s'élève quand on en est à une zone de températures où la réaction est réversible.

Ces métalloïdes sont bivalents ; cependant il existe pour les deux premiers une seconde combinaison hydrogénée :

$$H^2O^2, \qquad H^2S^2,$$

peu stable, et non saturée ; l'oxygène peut y être encore regardé comme bivalent, selon la formule de constitution $HO - OH$.

D'après les chaleurs de formation, le sulfuroïde le plus léger doit déplacer le plus lourd : c'est dire que les trois derniers sont combustibles et donnent comme résidu de l'eau.

Les combinaisons métalliques donnent des dégagements de chaleur considérables, inférieurs cependant aux chiffres correspondants des halogènes, rapportés au même poids de métal.

$$Na^2 + O \text{ gaz} \quad = Na^2O \text{ sol.} \; + 100,2 \text{ C}, \quad \text{ou} \quad Na^2O \text{ diss.} \; + 145,2 \text{ C},$$
$$Na^2 + S \text{ crist.} \; = Na^2S \text{ sol.} \; + 88,4 \text{ C}, \quad \text{ou} \quad Na^2S \text{ diss.} \; + 103,2 \text{ C},$$
$$Na^2 + Se \text{ crist.} = Na^2Se \text{ sol.} + 59,8 \text{ C}, \quad \text{ou} \quad Na^2Se \text{ diss.} + 79,4 \text{ C},$$
$$Na^2 + Te \text{ crist.} = Na^2Te \text{ sol.} \quad\quad\quad \text{ou} \quad Na^2Te \text{ diss.}$$

Les chaleurs de dissolution sont considérables, ce qui ne s'observait pas dans la première famille. Ici encore l'élément le plus léger déplacera le plus lourd : on grillera facilement les sulfures à l'air, ils donneront des oxydes ; et le soufre déplace le sélénium et le tellure : on isole ainsi le sélénium de ses composés.

Les composés oxygénés dans cette famille ne peuvent donner lieu à aucune remarque générale ; citons seulement les deux séries parallèles :

$$O + O^2 = O^3 \text{ (ozone)}; \quad S + O^2 = SO^2; \quad Se + O^2 = SeO^2;$$
$$Te + O^2 = TeO^2, \quad SO^4H^2; \quad SeO^4H^2; \quad TeO^4H^2.$$

Dans les trois derniers, les chaleurs de formation vont en décroissant. On constate dans cette famille une propriété qui ne se retrouve pas dans la première, à savoir une aptitude remarquable des éléments à se montrer sous plusieurs états allotropiques, qui se correspondent du reste assez bien.

Parmi les différences, on doit citer celles que présente l'oxygène, à cause de son rôle spécial dans la nature ; les trois derniers sulfuroïdes existent presque toujours ensemble dans des composés isomorphes. Le tellure, à cause de sa rareté, s'en écarte quelquefois, et se rapproche d'autre part des métaux par son éclat métallique ; il donne même un oxyde faiblement basique, TeO^2.

83. Troisième famille des métalloïdes. — Cette famille est assez nombreuse, mais réunit des corps dissemblables, qui sont :

Azote	Phosphore	Arsenic	Antimoine	Bismuth	Bore
$Az = 14$	$P = 31$	$As = 75$	$Sb = 120$	$Bi = 212$	$B = 11$

Le bore mis à part, leurs constantes physiques croissent à peu près comme leurs poids atomiques :

	Az	P	A	Sb	Bi
Densités gaz. . . .	0,97	4,32	10,4		
— sol. . . .	0,86	1,84	5,64	6,7	9,85
Points de fusion. .	$-203°$	$44°$	400	425	$264°$

Ils fonctionnent dans la plupart de leurs combinaisons comme éléments trivalents, quelquefois comme pentavalents. Ainsi leur combinaison principale avec l'hydrogène est du type $M.H^3$:

$$Az\ gaz\ +\ H^3\ gaz\ =\ AzH^3\ gaz + 14\ C,$$
$$P\ sol.\ +\ H^3\ gaz\ =\ PH^3\ gaz\ +\ 11,6\ C,$$
$$As\ mét.\ +\ H^3\ gaz\ =\ AsH^3\ gaz\ -\ 36,7\ C,$$
$$Sb\ mét.\ +\ H^3\ gaz\ =\ SbH^3\ gaz\ -\ 84,5\ C.$$

Les deux premiers hydrures sont assez stables à la température ordinaire, mais se dissocient facilement ; les deux autres sont très instables ; chaque hydrogène peut être remplacé par un radical monovalent d'alcool, et le caractère basique du composé est encore accentué ; ce caractère diminue d'ailleurs du premier au dernier.

Le type de composés où le métalloïde est quintivalent est $M.H^5$; il a des représentants variables pour chacun :

$$AzH^4Cl,\qquad PCl^5,\qquad As^2O^5,\qquad SbCl^5,\qquad Bi^2O^5.$$

Ces composés sont moins stables que ceux de l'autre type, auquel ils sont ramenés par une élévation de température.

Ainsi le chlorure d'ammonium donne $AzH^3 + HCl$ dès qu'on le réduit en vapeur, et le perchlorure de phosphore donne $PCl^3 + Cl^2$.

Les composés oxygénés de l'azote s'éloignent de ceux des autres : tous endothermiques, ils sont neutres ou anhydrides monobasiques. Au contraire, les composés du phosphore, de l'arsenic, etc. avec l'oxygène sont très stables, et donnent naissance à des acides polybasiques :

$$Az^2 \text{ gaz} + O^5g = Az^2O^5 - 1,2\,C, \qquad As^2 + O^5 = As^2O^5 \text{ sol.} + 219\,C,$$
$$P^2\text{sol} + O^5g = P^2O^5\text{sol.} + 363,8\,C, \qquad P^2O^5 + 3H^2O = 2.PO^4H^3 + 2\times44,5C.$$

On est frappé de l'énorme quantité de chaleur développée dans la combustion vive du phosphore ; les autres métalloïdes en dégagent d'autant moins que leur poids atomique est plus élevé.

Il n'existe pas de combinaisons métalliques bien connues de ces corps ; la présence d'azotures ou de phosphures dans une masse métallique rend celle-ci aigre, cassante, et plus fusible. Quant à l'arsenic, à l'antimoine et au bismuth, ils forment de vrais alliages avec les métaux, caractérisés par leur fusibilité.

L'azote forme donc un corps à part remarquable par sa passivité dans les réactions ; le phosphore et l'arsenic, souvent unis dans des composés isomorphes naturels ou artificiels, ont de nombreux points de ressemblance ; enfin l'antimoine et le bismuth sont de vrais métaux par leurs propriétés physiques.

Nous pouvons placer le bore à côté de cette famille ; il s'en rapproche grâce à son caractère nettement trivalent, mais n'est jamais pentavalent. Par ses caractères physiques, il se rapproche au contraire de la quatrième famille, dans laquelle Dumas l'avait placé. On connaît mal son hydrure BH^3, mais son chlorure volatil BCl^3 a servi à déterminer sa valence et son poids atomique. Il est aussi infusible que le carbone, très avide d'oxygène et ne forme qu'un oxyde, l'anhydride borique B^2O^3, mais à l'acide borique normal BO^3H^3 viennent se joindre plusieurs anhydrides, auxquels correspondent des borates naturels. En somme, le bore est peu connu et sa place mal définie dans la classification. Il nous servira de passage entre les troisième et quatrième familles.

84. Quatrième famille des métalloïdes. — La quatrième famille de métalloïdes ne comprend que deux corps :

$$\text{Carbone} \qquad \text{Silicium}$$
$$C = 12 \qquad Si = 28$$

Ce sont deux corps solides, à plusieurs formes allotropiques, fixes aux températures les plus élevées des foyers, mais faiblement fusibles ou volatils aux feux des laboratoires et dans le four électrique ; on ne connaît donc pas leurs poids moléculaires. Leurs densités à l'état cristallisé sont

$$\text{C diamant, 3,5,} \qquad \text{Si crist., 2,49.}$$

Au point de vue chimique, ils sont tétravalents. Si on choisit la combinaison hydrogénée de carbone qui contient le moins de ce métalloïde, on trouve qu'il y a 4 volumes d'hydrogène pour 1 molécule ou 2 volumes du composé ; c'est ce que donne aussi le seul composé hydrogéné de silicium. On admet qu'un seul atome de métalloïde entre dans ces composés dont les formules sont ainsi

$$CH^4, \qquad SiH^4.$$

Les composés hydrogénés du carbone étant innombrables en chimie organique, on peut dire que toute cette partie de la chimie est une vérification de la tétravalence du carbone. Quant au silicium, on peut obtenir d'autres composés volatils, tels que $SiCl^4$ où H de l'hydrure est remplacé par quarts par le chlore, et des éthers siliciques, obtenus en remplaçant cet hydrogène par des radicaux alcooliques monovalents.

Les données thermochimiques sont peu nombreuses :

$$C \text{ diamant} + H^4 = CH^4 g + 18,9 C.$$
$$Si \text{ crist.} + H^4 = SiH^4 g - 6,7 C.$$
$$C \text{ diamant} + O^2 \text{ gaz} = CO^2 g + 94,3 C.$$
$$Si \text{ crist.} + O^2 \text{ gaz} = SiO^2 \text{ sol} + 219,2 C.$$

On remarque la graduation inverse pour l'hydrogène et pour l'oxygène, comme dans les autres familles.

Les combinaisons métalliques sont encore mal connues au point de vue thermochimique. Ce n'est que récemment qu'on a préparé des carbures et des siliciures cristallisés, souvent décomposables par l'eau avec formation d'un carbure ou d'un siliciure d'hydrogène ; ils ont l'infusibilité du métalloïde.

Le carbone et le silicium jouent un grand rôle dans notre globe ; le premier dans le monde organique, où il forme la partie essentielle de toute cellule vivante, et le squelette de la plupart des êtres supérieurs ; le second, qui est le principe d'un grand nombre de roches, surtout de roches anciennes. On peut noter cependant que les molécules carbonées sont en général fragiles et peu résistantes à la température ou aux réactifs, à l'inverse des robustes molécules contenant le silicium. Les premières se prêtent admirablement aux incessants échanges de matières entre les êtres vivants, les secondes assurent la stabilité du sol terrestre.

85. Classification des métaux. — On a cherché à réaliser des familles naturelles dans les métaux, sans y être encore parvenu : beaucoup sont mal connus, et comme les métaux sont très nombreux, on arrive à former des groupes dont les termes extrêmes n'ont plus guère de ressemblance. Dumas avait adopté une règle analogue à celle qu'il appliqua aux métalloïdes, à savoir la valence des éléments. Comme il n'existe pas de combinaisons hydrogénées bien définies dans les métaux, il modifia sa méthode ainsi : la classification naturelle des métaux, et en général des corps qui ne s'unissent pas à l'hydrogène, doit être fondée sur les caractères des composés qu'ils forment avec le chlore, et autant que possible sur le rapport des volumes des deux éléments qui se combinent et sur leur mode de condensation.

En fait, on détermine bien la valence des métaux par l'étude de leurs combinaisons chlorées ; mais cette valence est variable pour beaucoup : le fer donne $FeCl^2$ et $FeCl^3$; l'or $AuCl$ et $AuCl^3$; les métaux bivalents sont plus nombreux et plus importants que tous les autres. Enfin il faut respecter certaines analogies incontestables entre des métaux de valences différentes, comme le magnésium et l'aluminium.

Soit le groupe des métaux alcalino-terreux dont le magnésium fait partie à cause de l'isomorphisme des carbonates CO^3Mg, CO^3Ca et CO^3Ba. Le sulfate de magnésium est le type d'une série de sels isomorphes cristallisant sous la formule $SO^4Mg + 7H^2O$; le fer et le zinc entrent dans cette série, de sorte qu'il y a un lien entre les métaux alcalino-terreux et les métaux du fer. Le fer à son tour donne un oxyde Fe^2O^3 et un alun isomorphes de l'oxyde d'aluminium Al^2O^3 et de l'alun ordinaire. Voilà donc trois groupes naturels de métaux qui sont reliés par des caractères de premier ordre et qui cependant ne peuvent être confondus en un seul : le groupe de l'aluminium est nettement trivalent.

La classification la plus connue des métaux est celle de Thénard ; elle est tout artificielle et ne se base que sur un caractère unique : l'oxydabilité des éléments. On sait que l'action de l'oxygène règle les applications usuelles des métaux, d'où son importance. On peut l'apprécier directement : par l'énergie de la combinaison du métal avec l'oxygène, selon que ce gaz est pur ou dilué comme dans l'air ; par l'action du métal sur l'eau ou sur l'air humide, par l'action des acides étendus, enfin par la stabilité de l'oxyde. On a eu ainsi les métaux oxydables à température ordinaire dans l'air ou dans l'eau, les métaux usuels s'oxydant à chaud ou à froid en présence d'un acide et enfin les métaux précieux ou nobles, ne s'oxydant pas directement.

En combinant les deux méthodes, celle de Dumas, basée sur la valence, et celle de Thénard, basée sur l'oxydation, on arrive à un groupement pratique d'accord avec la fonction chimique :

Classification des métaux.

1ᵉʳ GROUPE Métaux monovalents.	2ᵉ GROUPE Métaux bivalents.	3ᵉ GROUPE Métaux trivalents.	4ᵉ GROUPE Métaux tétravalents.
A) Lithium $Li = 7$ Sodium $Na = 23$ Potassium $K = 39$ Rubidium $Rb = 85$ Cæsium $Cs = 133$ **B)** Thallium $Tl = 203$ Argent $Ag = 108$	**A)** Calcium $Ca = 40$ Strontium $Sr = 87$ Baryum $Ba = 136{,}8$ **B)** Glucinium $Gl = 9$ Magnésium $Mg = 24$ Zinc $Zn = 65$ Cadmium $Cd = 112.$ **C)** Chrome $Cr = 52$ Manganèse $Mn = 55$ Fer $Fe = 56$ Nickel $Ni = 58{,}7$ Cobalt $Co = 59$ Molybdène $Mo = 96$ Tungstène $W = 184$ Uranium $Ur = 240$ **D)** Cuivre $Cu = 63$ Mercure $Hg = 200$ Plomb $Pb = 206{,}4$	**A)** Aluminium $Al = 27$ Gallium $Ga = 70$ Indium $In = 113$ (et métaux des terres rares) **B)** Vanadium $Va = 51$ Niobium $Nb = 94$ Tantale $Ta = 182$ Bismuth $Bi = 212$ **C)** Or $Au = 196$	**A)** Ruthénium $Ru = 103$ Rhodium $Rh = 104$ Palladium $Pd = 106$ Osmium $Os = 191$ Iridium $Ir = 193$ Platine $Pt = 195$ **B)** Titane $Ti = 48$ Germanium $Ge = 72$ Zirconium $Zr = 90$ Etain $Sn = 118$ Thorium $Th = 232$

86. Métaux monovalents. — A.) Dans ce groupe, il y a une famille naturelle remarquable, celle des cinq premiers métaux, qu'on appelle alcalins à cause de la propriété de leurs hydrates, de formule MOH, d'être des bases ou alcalis énergiques. Leurs propriétés physiques varient à peu près comme leurs poids atomiques ; les densités solides sont en effet, dans l'ordre du tableau : 0,59 ; 0,97 ; 0,86 ; 1,52 ; 2,4. Les points de fusion varient en sens inverse :

$$+ 180°; \quad 95°; \quad 60°; \quad 38°; \quad 26°.$$

Les chaleurs d'oxydation et de chloruration sont, pour les trois premiers :

$$M^2O \text{ sec} : 140, \quad 100, \quad 96C.$$
$$MCl \text{ sec} : 186, \quad 194, \quad 210C.$$

Ils brûlent dans le chlore, s'oxydent en présence de l'eau, ou à l'air humide, d'après la réaction

$$Na + H^2O = H + NaOH.$$

La stabilité des oxydes va en diminuant à mesure que le poids atomique croît ; leurs carbonates et leurs sulfures sont solubles et très stables ; les chlorures sont isomorphes, non volatils ; on a fixé par leur analyse la valence du métal, mais non le poids atomique.

Les deux premiers s'écartent un peu des trois derniers par quelques poin s, surtout par la solubilité de plusieurs composés. Aux trois derniers, il est bon d'ajouter le métal hypothétique ammonium, AzH^4, dont le parallélisme est complet au point de vue des sels.

B.) L'argent et le thallium sont monovalents, mais la plupart de leurs composés sont insolubles et peu stables : l'argent est un métal précieux ne s'oxydant qu'indirectement.

Tout ce groupe peut, en combinant le sulfate d'aluminium avec le sulfate de l'un de ses membres, donner un sulfate double ou alun, cristallisé en octaèdres ou en cubes :

$$M'^2SO^4 + (SO^4)^3Al^2 + 24H^2O.$$

On trouve dans le règne végétal le potassium, le rubidium et le cœsium ; ces deux derniers ont été découverts par l'analyse spectrale ; les autres sont plutôt dans le règne minéral ; leur importance est considérable dans la vie organique et dans l'industrie.

87. Métaux bivalents. — A.) Nous trouvons d'abord dans ce groupe la famille des métaux dits alcalino-terreux, calcium, strontium, baryum. On pourrait y joindre le magnésium que d'autres raisons rapprochent de la famille du zinc ; les poids atomiques de ces éléments sont compris dans la formule

$$p = 40 + n16.$$

Les hydrates de ces métaux sont des bases énergiques, très peu solubles dans l'eau ; les oxydes anhydres sont presque infusibles ; les carbonates et les sulfates, à peu près insolubles, sont isomorphes et souvent unis dans la nature. Les métaux alcalino-terreux, obtenus par électrolyse, sont mal connus à l'état libre ; leur affinité pour l'oxygène et les métalloïdes décroît quand le poids atomique croît.

Leurs oxydes sont très stables et réduits par le charbon au four électrique seulement, en donnant un carbure cristallisé

$$CaO + 3C = CO + C^2Ca,$$

tandis que les oxydes alcalins sont réduits plus facilement, le métal devenant libre ; ces carbures sont décomposables par l'eau à température ordinaire avec production d'acétylène :

$$C^2Ca + 2H^2O = C^2H^2 + Ca(OH)^2.$$

Ces métaux donnent aussi, au four électrique, des combinaisons avec les métalloïdes trivalents ; les azotures, phosphures et arséniures résultants sont décomposés par l'eau froide de la façon suivante :

$$C^3Az^2 + 6H^2O = 3Ca(OH)^2 + 2AzH^3.$$

Le lithium présente ce caractère.

Les spectres de ces métaux, obtenus par l'introduction d'un de leurs sels volatils, chlorure ou azotate, dans la flamme du bec Bunsen, sont plus compliqués que ceux des métaux alcalins, mais sont encore caractéristiques.

B.) Les quatre métaux suivants forment la famille du zinc. Le glucinium ou métal de l'émeraude tient beaucoup du groupe de l'aluminium ; sa valence seule le fait placer ici. Les trois autres donnent un oxyde basique insoluble dans l'eau et infusible, mais d'autant moins stable que le poids atomique est plus élevé :

$$Mg + O \text{ gaz} = MgO \text{ sec} + 148C.$$
$$Zn + O \text{ gaz} = ZnO \text{ sec} + 86C.$$
$$Cd + O \text{ gaz} = CdO \text{ sec} + 66C.$$

Les points de fusion diminuent si on prend le même ordre

$$750°, \quad 420°, \quad 320°.$$

De même les points d'ébullition

$$1100°, \quad 920°, \quad 720°.$$

Les densités de vapeur montrent que leur molécule gazeuse est monoatomique : Mg, Zn, Cd. Ceci et quelques autres points les rapprochent du mercure. Les carbonates insolubles, se dissocient facilement, et les sulfates hydratés, tels que $SO^4Mg + 7H^2O$, forment avec ceux de la famille suivante un groupe isomorphe appelé série magnésienne. On peut remplacer 1 molécule d'eau de cristallisation par 1 molécule de sulfate alcalin :

$$SO^4Mg + SO^4K^2 + 6H^2O,$$

sans observer de changements dans la forme cristalline, qui est un prisme clinorhombique.

Ce sont les seuls métaux, avec le mercure, qui soient assez volatils pour qu'on puisse les distiller.

C.) Les huit métaux qui suivent sont réunis sous le nom de famille du fer; ce sont les métaux usuels par excellence, se recommandant par leur malléabilité, leur ténacité, leur dureté, leur fixité, dans l'industrie; ils forment entre eux des alliages dans le haut fourneau, où on retrouve les propriétés des constituants. Ainsi, le chrome et le tungstène donnent au fer une dureté extrême dans les aciers chromés; le manganèse donne les ferromanganèses très malléables. Tous forment avec le charbon des fontes plus fusibles que le métal, et des aciers, durcissant par la trempe; ils sont magnétiques. Ils fondent tous au delà de 1600°.

Ceux dont le poids atomique est voisin de 56 ont une densité voisine de 8; le tungstène et l'uranium, de grands poids atomiques, ont pour densités 19 et 18,4.

Au point de vue chimique, les métaux du fer donnent des combinaisons analogues. Leurs protoxydes, très stables, forment avec l'acide sulfurique des sels isomorphes des sulfates de magnésium et de zinc, fait qui conduit à donner à ces oxydes la formule $M'O$, correspondant à ZnO. Ces éléments sont donc bivalents, ce que confirme l'analyse des chlorures $M''Cl^2$. Les oxydes se suroxydent d'autant plus facilement que le poids atomique est plus faible, et donnent un composé M''^2O^3 qui les rapproche des métaux trivalents et surtout de l'aluminium. Ces oxydes sont isomorphes de l'alumine Al^2O^3 et la remplacent dans plusieurs séries de composés, notamment les spinelles (type $MgO.\,Al^2O^3$), les grenats (type $SiO^2,\ Al^2O^3 + SiO^2,\ 3CaO$)

et les aluns (type $SO^4M^2 + 3SO^3. Al^2O^3 + 24H^2O$).

Mais les métaux du fer se présentent encore avec des valences supérieures, par les composés FeS^2, MnO^3 (valence 4), CrO^3, MoO^3, WO^3 (valence 6). Ces corps suroxydés ont les propriétés d'acides énergiques en présence de l'eau, et les chromates, tungstates, molybdates de potassium sont isomorphes du sulfate SO^4K^2. C'est un lien inattendu, mais inconstestable entre ces métaux et les métalloïdes. L'uranium est moins connu ; il figure dans la plupart de ses combinaisons salines sous forme d'un radical bivalent, l'uranyle UrO^3, qu'on a pris longtemps pour un corps simple.

D.) Les trois derniers métaux bivalents, cuivre, plomb et mercure, n'ont pas grande analogie. Le plomb se rattache aux alcalino-terreux par l'isomorphisme de son carbonate et de son sulfate avec l'aragonite (CO^3Ca) et la barytine (SO^4Ba), par l'insolubilité de son oxyde basique PbO, mais s'en écarte par les composés où il est tétravalent : PbO^2.

Les deux autres n'ont de relations d'isomorphisme ni entre eux ni avec d'autres ; ils présentent des composés où ils sont monovalents : Cu^2O, Hg^2O, et d'autres, plus stables, où ils sont bivalents : CuO, HgO ; ces oxydes sont des bases faibles ; le sulfate de cuivre peut cependant figurer dans les sulfates doubles de la série magnésienne par le sel : $SO^4K^2 + SO^4Cu + 6H^2O$.

88. Métaux trivalents. — A.) A côté de l'aluminium viennent se ranger deux métaux découverts récemment, le gallium et l'indium, et une série d'autres fort mal connus, et dont l'individualité chimique n'est pas toujours certaine : scandium, yttrium, lanthane, etc. ; ces derniers sont toujours réunis dans la nature et leurs minerais s'appellent terres rares. Le groupe de l'aluminium est très homogène : il n'offre qu'un seul oxyde, tel que Al^2O^3, très stable, base faible entrant dans la constitution de cette série de sulfates doubles isomorphes déjà citée :

$$SO^4M'^2 + (SO^4)^3M'''^2 + 24H^2O,$$

où M' est un métal monovalent, et M''' un métal de la famille de l'aluminium ou de celle du fer.

B.) La seconde famille des métaux trivalents comprend des corps qui se rattachent très nettement aux métalloïdes trivalents ; c'est pour cela qu'on y a mis le bismuth. Les composés oxygénés les montrent surtout avec une valence égale à 5, du type M^2O^5. C'est un anhydride, et les sels correspondants sont isomorphes des phosphates et des arséniates. De plus, la vanadite $3(3PbO, V^2O^5) + PbCl^2$ est isomorphe de l'apatite $3(3CaO. P^2O^5) + CaCl^2$. Ce groupe est donc un complément à la famille de l'azote.

C.) L'or est isolé dans notre classification. Il est nettement trivalent dans son composé le plus connu, $AuCl^3$, mais il existe un protochlorure $AuCl$ qui nous le montre monovalent, comme l'argent et les métaux alcalins. Il ne s'oxyde directement à aucune température.

89. Métaux tétravalents. — A.) La première famille réunit les métaux que l'on trouve d'ordinaire ensemble dans le minerai de platine ; ce sont les métaux du platine. Ils sont reliés par un grand nombre de relations ; on voit cependant que trois d'entre eux ont un poids atomique voisin de 105 et une densité voisine de 11, ce sont le palladium, le rhodium et le ruthénium ; et que les trois autres ont un poids atomique voisin de 192 et une densité voisine de 22.

Leur valence est variable et peut aller jusqu'à 8. Ils sont

inoxydables directement, inattaquables par les acides ; l'eau régale les attaque sauf l'iridium. Ils fondent au-dessus de 1500°. Ils condensent dans leurs pores les gaz et surtout l'hydrogène, favorisant ainsi un certain nombre de réactions, comme des ferments figurés.

Les chlorures du type $PtCl^4$ se combinent aux chlorures alcalins et donnent des chloroplatinates, chloropalladates, etc., isomorphes et peu solubles :

$$PtCl^4 + 2KCl,$$

servant à caractériser les métaux alcalins. Le ruthénium et l'osmium donnent des peroxydes volatils : RuO^4, OsO^4, oxydants énergiques.

B.) Dans la seconde famille, on trouve des métaux qui se rattachent facilement aux métalloïdes tétravalents, par leurs oxydes MO et MO^4. Les bioxydes sont des anhydrides très nets, comme CO^2 et SiO^4. On a préparé des composés fluorés qui sont isomorphes entre eux et avec les fluosilicates :

$$SiFl^4 + 2M'Fl.$$

Enfin leurs composés haloïdes, tels que $SnCl^4$, sont des liquides fumant à l'air et s'oxydant facilement. Le thorium accompagne les terres rares, et son oxyde, très fixe, a un pouvoir émissif remarquable qui le fait employer dans le manchon des becs Auer.

90. Tableau de Mendéléef. — La loi périodique, déjà citée, a permis de grouper tous les éléments dans un seul tableau ; chaque ligne horizontale forme une période ; et si on a soin de laisser des vides aux points où vient à manquer un élément appartenant à la famille naturelle constituant une ligne verticale, on a finalement 8 colonnes verticales et 10 périodes ou lignes horizontales :

Classification des éléments (*Tableau de Mendéléef*)

I	II	III	IV	V	VI	VII	VIII
Li = 7	Gl = 9	B = 11	C = 12	Az = 14	O = 16	Fl = 19	
Na = 23	Mg = 24	Al = 27	Si = 28	P = 31	S = 32	Cl = 35,5	
K = 39	Ca = 40	»	Ti = 48	Va = 51	Cr = 52	Mn = 55	Fe = 56, Ni = Co = 58
Cu = 63	Zn = 65	»	»	As = 75	Se = 79	Br = 80	
Rb = 85	Sr = 87	Yt = 89	Zn = 90	Nb = 94	Mo = 96	»	Ru = 101, Rh = 103, Pd = 106
Ag = 108	Cd = 112	In = 114	Su = 118	Sb = 120	Te = 126	I = 127	
Cs = 133	Ba = 137	La = 138	Ce = 140	»	»	»	
»	»	Yb = 173	»	Ta = 183	Tu = 184	»	Os = 191, Ir = 193, Pt = 195
Au = 196	Hg = 200	Tl = 204	Pb = 207	Bi = 208	»	»	
»	»	»	Th = 232	»	Ur = 240	»	

On reconnaît la plupart des familles que nous avons adoptées, situées sur les verticales. Cependant il y a des analogies horizontalement, entre autres les trois triades de la colonne VIII. Enfin, l'hydrogène et les gaz nouveaux de l'air n'y figurent pas, mais c'est en essayant de compléter ce tableau par une nouvelle colonne verticale à gauche que M. Ramsay fut conduit, après la découverte de l'argon, à la recherche du crypton, du métargon, du néon, etc. Des raisons d'ordre physique, telles que le pouvoir réfringent et la valeur du rapport des deux chaleurs spécifiques, ont permis tout récemment de constituer cette famille des gaz nouveaux de l'air.

Ils sont remarquables par l'inertie invincible qu'ils manifestent envers tous les réactifs : on peut les désigner par le mot *non-valents*. Leurs spectres se ressemblent ; leurs molécules sont monoatomiques, c'est-à-dire que leur poids atomique a la même valeur que leur poids moléculaire, à savoir le double de leur densité par rapport à l'hydrogène ; enfin leurs constantes physiques varient comme leurs poids atomiques.

Cette famille est actuellement composée ainsi :

Hélium	Néon	Argon	Krypton	Xénon
He = 4	Ne = 20	Ar = 39,9	Kr = 81	Xe = 128

Leurs points d'ébullition sont, dans le même ordre,

< — 262	— 240	— 187	— 157	— 109

Ce sont donc tous des gaz très difficiles à liquéfier, le premier l'étant encore plus que l'hydrogène.

Ajoutons que d'autres éléments, dits radio-actifs, découverts par M. et Mme Curie, viendront certainement se ranger dans la dernière ligne horizontale du tableau, à cause de la très grande valeur probable de leurs poids atomiques. Ce sont le radium, le polonium et l'actinium.

Le premier est l'homologue supérieur des métaux alcalino-terreux; le second se rapproche du bismuth, et le troisième du thorium. Ils ont la propriété d'émettre continuellement des radiations lumineuses spéciales et la conservent dans leurs composés.

Cette confirmation nouvelle de la loi périodique, venant après celle du gallium, du germanium et du scandium, montre la fécondité de la méthode : au lieu de réduire le nombre des corps simples, elle multiplie ces éléments en même temps qu'elle fait concevoir des fonctions chimiques inconnues.

TABLE DES MATIÈRES

Bar-le-Duc. — Imprimerie Comte-Jacquet. FACDOUEL, Dir.

www.ingramcontent.com/pod-product-compliance
Ingram Content Group UK Ltd.
Pitfield, Milton Keynes, MK11 3LW, UK
UKHW020827120726
13693UKWH00002B/513